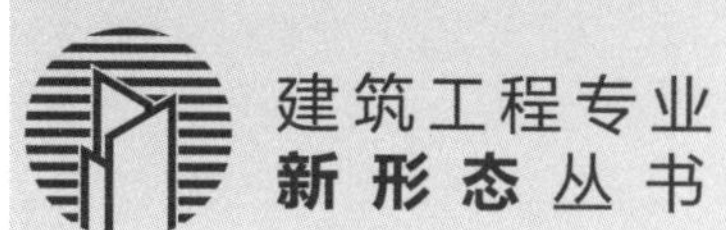

结构施工图识读与实战

陶 莉 主编　　戴庆斌　杨 帆　吴志堂 副主编

化学工业出版社
·北京·

内 容 简 介

本书是介绍建筑工程领域施工图识图技能培养的活页式图书。本书由建筑结构与平法认知、基础工程施工图识读、框架结构主体识读、剪力墙结构主体识读四个项目组成，每个项目中的每个任务内容深入浅出，逻辑清晰，图文并茂，生动形象。

本书由校企合作编写，既有理论又有实践。本书可作为高职高专院校建筑工程技术、工程造价等土建类专业的教学用书，也可作为企业岗位人员培训教材，还可作为校内和企业“1+X”建筑工程识图结构方向的考证辅导教材。

图书在版编目（CIP）数据

结构施工图识读与实战 / 陶莉主编；戴庆斌，杨帆，吴志堂副主编. —北京：化学工业出版社，2023.3
（建筑工程专业新形态丛书）
ISBN 978-7-122-42734-2

Ⅰ. ①结… Ⅱ. ①陶… ②戴… ③杨… ④吴… Ⅲ. ①结构工程-建筑制图-识图 Ⅳ. ①TU204.21

中国国家版本馆CIP数据核字（2023）第006210号

责任编辑：徐　娟　　文字编辑：冯国庆
责任校对：王鹏飞　　装帧设计：中海盛嘉

出版发行：化学工业出版社（北京市东城区青年湖南街13号　邮政编码100011）
印　　装：中煤（北京）印务有限公司
787mm×1092mm　1/16　印张 9　字数 200千字　2023年3月北京第1版第1次印刷

购书咨询：010-64518888　　售后服务：010-64518899
网　　址：http://www.cip.com.cn
凡购买本书，如有缺损质量问题，本社销售中心负责调换。

定　　价：78.00元

版权所有　违者必究

序

百年大计，教育为本；教育大计，教材为基。教材是教学活动的核心载体，教材建设是直接关系到“培养什么人”“怎样培养人”“为谁培养人”的铸魂工程。建筑工程专业新形态丛书紧跟建筑产业升级、技术进步和学科发展变化的要求，以立德树人为根本任务，以工作过程为导向，以企业真实项目为载体，以培养建设工程生产、建设、管理和服务一线所需要的高素质技术技能人才为目标。依托国家教学资源库、MOOC等在线开放课程、虚拟仿真资源等数字化教学资源同步开发和建设，数字资源包括教学案例、教学视频、动画、试题库、虚拟仿真系统等。

建筑工程专业新形态丛书共8册，分别为《建筑施工组织与项目管理》（主编刘跃伟）、《建筑制图与CAD》（主编卢明真、彭雯霏）、《Revit建筑建模基础与实战》（主编赵志）、《建设工程资料管理》（主编李建华）、《建筑材料》（主编吴庆令、黄泓萍）、《结构施工图识读与实战》（主编陶莉）、《平法钢筋算量（基于16G平法图集）》（主编臧朋）、《安装工程计量与计价》（主编刘晓霞、方力炜）。本丛书的编写具备以下特色。

1. 坚持以习近平新时代中国特色社会主义思想为指导，牢记“三个地”的政治使命和责任担当，对标建设“重要窗口”的新目标新定位，按照“把牢方向、服务大局，整体设计、突出重点，立足当下、着眼未来”的原则整体规划，切实发挥教材铸魂育人的功能。

2. 对接国家职业标准，反映我国建筑产业升级、技术进步和学科发展变化要求，以提高综合职业能力为目标，以就业为导向，理论知识以“必需”和“够用”为原则，注重职业岗位能力和职业素养的培养。

3. 融入“互联网+”思维，将纸质资源与数字资源有机结合，通过扫描二维码，为读者提供文字、图片、音频、视频等丰富学习资源，既方便读者随时随地学习，也确保教学资源的动态更新。

4. 校企合作共同开发。本丛书由企业工程技术人员、学校一线教师共同完成，教师到一线收集企业鲜活的案例资料，并与企业技术专家进行深入探讨，确保教材的实用性、先进性并能反映生产过程的实际技术水平。

为确保本丛书顺利出版，我们在一年前就积极主动联系了化学工业出版社，我们学术团队多次特别邀请了出版社的编辑线上指导本丛书的编写事宜，并最终敲定了部分图书选择活页式形式，部分图书选择四色印刷。在此特别感谢化学工业出版社给予我们团队的大力支持与帮助。

我作为本丛书的丛书主编深知责任重大，所以我直接参与了每一本书的编撰工作，认真地进行了校稿工作。在编写过程中以丛书主编的身份多次召集所有编者召开专业撰写书稿推进会，包括体例设计、章节安排、资源建设、思政融入等多方面工作。另外，卢声亮博士作为本系列丛书的主审，也对每本书的目录、内容进行了审核。

虽然在编写中所有编者都非常认真地多次修正书稿，但书中难免还存在一些不足之处，恳请广大的读者提出宝贵的意见，便于我们再版时进一步改进。

温州职业技术学院教授　卓菁

2021年5月31日　于温州职业技术学院

前言

《结构施工图识读与实战》是建筑工程领域的一门非常重要的专业核心课程，既有理论又有实践。本课程的主要目标是培养学生结构施工图的识读能力，通过理论学习与实践训练，提升解决工程实际问题的能力。

本书依据国家教学标准，结合企业项目实践的核心能力要求，融入“1+X”建筑工程识图职业技能等级考试能力要点。本书由建筑结构与平法认知、基础工程施工图识读、框架结构主体识读、剪力墙结构主体识读四个项目构成，本书每个项目中的每个任务内容深入浅出，逻辑清晰，图文并茂，生动形象。本书依托22G101-1、22G101-2、22G101-3图集和现行相应规范，以钢筋翻样卡填写为主线，螺旋式进行项目实践训练，达成最终学习目标。本书将传统结构识图知识与“1+X”初中级考证知识相结合，以高效的学习方式，使读者快速掌握结构施工图识图的基本知识和能力。本书设计了“学习目标+理论知识+实践项目+拓展提高”的模式，每个重要知识点还配有微课等线上学习资源作为支撑补充材料。

本书可以采用翻转课堂教学形式进行，课前首先进行有效的颗粒化知识学习，课中针对重点加强巩固，通过翻样卡强化实践，针对难点深入剖析，课后通过书中的相应资源进行巩固练习，拓展提高。本书可作为高职高专院校建筑工程技术、工程造价等土建类专业的教学用书，也可作为企业岗位人员培训教材与校内和企业“1+X”识图结构方向的考证辅导教材。

本书由温州职业技术学院建筑工程学院陶莉担任主编，万洋建设集团有限公司高级工程师戴庆斌、一砖一瓦科技有限公司工程师杨帆、温州职业技术学院吴志堂为副主编，参加编写的还有徐成豪、刘跃伟 、吴庆令、张婷婷。另外，非常感谢宁波职业技术学院的朱莉莉、绍兴职业技术学院的陈丽、安防科技职业技术学院的郭春红提出宝贵意见，感谢一砖一瓦科技有限公司和万洋建设集团有限公司等单位的大力支持。

由于编者水平所限，书中难免存在疏漏和不足之处，恳请广大读者批评指正。

编者

2022年10月

目录
CONTENTS

项目1 建筑结构与平法认知……1

◆ 任务1.1 建筑结构基本知识……3

1.1.1 钢筋混凝土结构的形式……3

1.1.2 钢筋混凝土结构的特点……3

1.1.3 建筑结构抗震……4

◆ 任务1.2 混凝土结构一般构造……6

1.2.1 钢筋的种类及标注方式……6

1.2.2 钢筋混凝土保护层……7

1.2.3 钢筋的锚固……8

1.2.4 钢筋的连接……8

◆ 任务1.3 结构施工图识读……9

1.3.1 结构施工图识读……9

1.3.2 平法的基本知识……10

项目2 基础工程施工图识读……18

◆ 任务2.1 独立基础施工图识读……20

2.1.1 独立基础平法规则识读……20

2.1.2 独立基础平法构造识读……24

◆ 任务2.2 桩基础施工图识读……28

2.2.1 桩承台平法规则识读……28

2.2.2 基础联系梁平法规则识读……32

2.2.3 桩承台平法构造识读……35

2.2.4 基础联系梁平法构造识读……39

◆ 任务2.3 平板式筏板基础变截面部位板顶板底均有高差钢筋构造绑扎实操 44

项目3 框架结构主体识读 45

◆ 任务3.1 梁结构施工图识读 47

3.1.1 梁平法规则识读 47
3.1.2 楼层框架梁平法构造识读 52
3.1.3 屋面框架梁平法构造识读 57
3.1.4 非框架梁平法构造识读 61

◆ 任务3.2 板结构施工图识读 66

3.2.1 板平法规则识读 66
3.2.2 有梁楼盖板的平法构造识读 71

◆ 任务3.3 柱结构施工图识读 76

3.3.1 柱平法规则识读 77
3.3.2 框架柱平法构造识读 81

◆ 任务3.4 楼梯结构施工图识读 86

3.4.1 楼梯平法规则识读 86
3.4.2 DT型楼梯平法构造识读 91

◆ 任务3.5 团体实操任务 96

3.5.1 柱纵向钢筋在基础中构造绑扎实操 96
3.5.2 框架角柱整体构造绑扎实操 97
3.5.3 楼层框架梁与边柱相交钢筋构造绑扎实操 97
3.5.4 抗震楼层框架梁钢筋构造绑扎实操 98
3.5.5 梁的悬挑端配筋构造绑扎实操 99
3.5.6 整体板构造绑扎实操 99

3.5.7 DT型楼梯板配筋构造绑扎实操 100

项目4 剪力墙结构主体识读 101

◆ 任务4.1 剪力墙柱结构施工图识读 103

4.1.1 剪力墙柱平法规则识读 103

4.1.2 约束边缘构件平法构造识读 107

◆ 任务4.2 剪力墙身结构施工图识读 112

4.2.1 剪力墙身平法规则识读 112

4.2.2 剪力墙身平法构造识读 116

◆ 任务4.3 剪力墙梁结构施工图识读 121

4.3.1 剪力墙梁平法规则识读 121

4.3.2 连梁平法构造识读 125

◆ 任务4.4 团体实操任务 130

4.4.1 剪力墙水平分布钢筋端柱转角墙构造绑扎实操 130

4.4.2 楼层连梁LL钢筋构造绑扎实操 131

附录 结构施工图识读1+X技能实战 132

参考文献 134

二维码清单

项目	任务	二维码资源	页码
项目1 建筑结构与平法认知		建筑工程结构类型	1
项目2 基础工程施工图识读	任务2.1 独立基础施工图识读	独立基础的分类	20
		答案解析	23
		底板钢筋构造	24
		答案解析	26
	任务2.2 桩基础施工图识读	桩基础的分类	28
		答案解析	31
		答案解析	34
		受力钢筋构造	35
		答案解析	37
		上部纵筋和下部纵筋构造	40
		箍筋构造	40
		答案解析	41
		答案解析	42
	任务2.3 平板式筏板基础变截面部位板顶板底均有高差钢筋构造绑扎实操	实训参考	44
项目3 框架结构主体识读	任务3.1 梁结构施工图识读	梁的分类	47
		答案解析	50
		答案解析	51
		上部纵筋构造	53
		侧面筋和下部纵筋构造	53
		箍筋、拉筋和吊筋构造	53
		答案解析	54
		答案解析	55
		上部纵筋端支座锚固构造	57
		答案解析	58
		答案解析	59
项目3 框架结构主体识读	任务3.1 梁结构施工图识读	上部非通长纵筋构造	61
		下部纵筋构造	61
		答案解析	62
		答案解析	63
		框架扁梁平法构造识读	65
	任务3.2 板结构施工图识读	板的分类	66
		答案解析	70
		上部纵筋构造	72
		下部纵筋构造	72
		答案解析	73
		答案解析	74
		无梁楼盖板施工图识读	76
		板构造识读	76
	任务3.3 柱结构施工图识读	柱的分类	76
		答案解析	80
		纵筋构造	82
		箍筋构造	82
		答案解析	83
		答案解析	84
		框架柱变截面钢筋构造识读	85
	任务3.4 楼梯结构施工图识读	楼梯的分类	86
		答案解析	90
		DT楼梯钢筋构造	92
		答案解析	93
		答案解析	94
		其他形式楼梯平法构造识读	95
	任务3.5 团体实操任务	实训参考	96
		实训参考	97
		实训参考	98
		实训参考	98
		实训参考	99
		实训参考	100
		实训参考	100

二维码清单

项目	任务	二维码资源	页码
项目4 剪力墙结构主体识读	任务4.1 剪力墙柱结构施工图识读	墙柱的分类	103
		答案解析	106
		纵筋构造	107
		箍筋和拉筋构造	108
		答案解析	109
		答案解析	110
	任务4.2 剪力墙身结构施工图识读	剪力墙身的分类	112
		答案解析	115
		水平分布筋和竖向分布筋构造	116
		拉结筋构造	116
		答案解析	118
		答案解析	119
	任务4.3 剪力墙梁结构施工图识读	剪力墙梁的分类	121
		答案解析	124
		上部纵筋、下部纵筋和箍筋构造	126
		答案解析	127
		答案解析	128
	任务4.4 团体实操任务	实训参考	130
		实训参考	131

项目	任务	二维码资源	页码
附录 结构施工图识读1+X技能实战	基础	平法识图	133
		钢筋构造	133
		绘图	133
	柱	平法识图	133
		钢筋构造	133
		绘图	133
	墙	平法识图	133
		钢筋构造	133
		绘图	133
	梁	平法识图	133
		钢筋构造	133
		绘图	133
	板	平法识图	133
		钢筋构造	133
		绘图	133
	楼梯	平法识图	133
		钢筋构造	133
		绘图	133
	综合实训		133

项目1

建筑结构与平法认知

项目概述

识读不同的建筑结构，了解其形式及特点，是学习结构施工图的基本能力。常见的结构以钢筋混凝土结构居多。对钢筋混凝土结构施工图进行识图，需要依据平法图集和规范。

建筑工程结构类型

思政案例——年年安规年年规，岁岁平安岁岁安

2021年7月12日，位于江苏省苏州市吴江区松陵街道油车路188号的苏州市四季开源餐饮管理服务有限公司辅房发生坍塌事故，如图1-1所示，造成17人死亡、5人受伤，直接经济损失约2615万元。

图1-1　四季开源餐饮管理服务有限公司辅房发生坍塌事故现场

事故发生后，江苏省人民政府成立苏州市吴江区“7·12”四季开源酒店辅房坍塌事故调查组，由省应急管理厅牵头，省公安厅、省自然资源厅、省住房和城乡建设厅、省商务厅、省总工会、省消防救援总队以及苏州市人民政府参加，并聘请工程勘察设计、工程建设管理、建设工程质量安全管理、公共安全等方面的专家参与调查。通过现场勘查、检测鉴定、调阅资料、人员问询、专家论证等，查明了事故直接原因和性质，查明了事故企业和相关单位违法违规问题，查明了有关地方党委政府及相关部门在监管方面存在的问题。

事故调查组认定，事故的直接原因是在无任何加固及安全措施情况下，盲目拆除了底层六开间的全部承重横墙和绝大部分内纵墙，致使上部结构传力路径中断，二层楼面圈梁不足以承受上部二、三层墙体及二层楼面传来的荷载，导致该辅房自下而上连续坍塌。

任务1.1

建筑结构基本知识

知识目标：掌握钢筋混凝土结构的基本分类、抗震等级及其相应的特点。

技能目标：具备钢筋混凝土结构构件与结构形式及抗震要求相匹配能力。

思政目标：树立“建筑以人为本，结构服务于建筑”的专业意识，结构类型和震级别是钢筋混凝土构件的构造形式最直接的影响因素，起到举足轻重的作用。

1.1.1　钢筋混凝土结构的形式

常见的钢筋混凝土形式有框架结构、框架-剪力墙结构和剪力墙结构，如图1-2～图1-4所示。

图1-2　框架结构

图1-3　框架-剪力墙结构

图1-4　剪力墙结构

1.1.2　钢筋混凝土结构的特点

框架结构、框架-剪力墙结构及剪力墙结构的特点见表1-1。

表1-1　框架结构、框架-剪力墙结构及剪力墙结构的特点

分类名称	说明	特点
框架结构	是利用梁、柱组成的纵、横向框架，承受竖向荷载及水平荷载的结构。按施工方法可分为全现浇、半现浇、装配式和半装配式4种。框架结构可使建筑平面的布置比较灵活，扩大建筑空间，方便建筑立面的处理。但是因为侧向刚度比较小，当层数过多时，就会产生过大的侧移，易引起非结构性构件（如隔墙、装饰等）破坏，而影响使用	该结构是由混凝土梁和柱组成主要承重结构的体系。其优点是建筑平面布置灵活，可形成较大的空间，在公共建筑中应用较多。框架有现浇和预制之分，现浇框架多用组合式定型钢模现场进行浇筑。为了加快施工进度，梁、柱模板可预先整体组装，然后进行安装 但框架结构属于柔性结构，其抵抗水平荷载的能力较弱，而且抗震性能差，因此其高度不宜过高，一般不宜超过60m，且房屋高度与宽度之比不宜超过5
剪力墙结构	是利用建筑物的纵、横墙体承受竖向荷载及水平荷载的结构。纵、横墙体既可作为维护墙，也可用于分隔房间墙。剪力墙结构的优点是侧向刚度大，在水平荷载作用下侧移小。其缺点是剪力墙间距小，建筑平面布置不方便，不太适用于要求大空间的公共建筑，结构自重也较大	该结构是利用建筑物的内墙和外墙构成剪力墙来抵抗水平力。这类结构开间小，墙体多，变化少，适合居住建筑和旅馆建筑。剪力墙一般为钢筋混凝土墙，厚度不小于14cm。剪力墙结构可以采用大模板或滑升模板进行浇筑。这种体系的侧向刚度大，可以承受很大的水平荷载，也可承受很大的竖向荷载，但其主要荷载为水平荷载，高度不宜超过150m
框架-剪力墙结构	是在框架结构中设置适当剪力墙的结构，既具备了框架结构的优点，又综合了剪力墙结构的优势。在框架-剪力墙结构中，剪力墙主要承受水平荷载，由框架承担竖向荷载。框架-剪力墙结构一般用于10～20层的建筑	剪力墙结构侧向刚度大，抵抗水平荷载的能力较大，但建筑布置不灵活，难以形成较大的空间；框架结构的建筑布置灵活，可形成大空间，但侧向刚度较差，抵抗水平荷载的能力较小。基于以上两种情况，将两者结合起来，取长补短，在框架的某些柱间布置剪力墙，与框架共同工作，这样就得到一种承受水平荷载能力较大，建筑布置又较灵活的结构体系，即框架-剪力墙结构。这种结构的房屋高度一般不宜超过120m，房屋的高宽比一般不宜超过5

1.1.3　建筑结构抗震

1.1.3.1　抗震设防的认知

（1）抗震设防的定义。抗震设防简单地说，就是为达到抗震效果，在工程建设时对建筑物进行抗震设计并采取抗震措施。抗震设防的目的就是在一定的技术经济条件下，最大限度地减轻建筑物的破坏，保障人民生命财产的安全。抗震设防的依据是抗震设防烈度。《建筑抗震设计规范》（GB 50011—2010）中规定，抗震设防烈度在6度及以上地区的建筑，必须进行抗震设防。

（2）抗震设防的分类。抗震设防分为四个类别，具体如下。

① 特殊设防类：指使用上有特殊设施，涉及国家公共安全的重大建筑工程和地震时可能发生严重次生灾害等特别重大灾害后果，需要进行特殊设防的建筑，简称甲类。

② 重点设防类：指地震时使用功能不能中断或需尽快恢复的生命线相关建筑，以及地震时可能

导致大量人员伤亡等重大灾害后果，需要提高设防标准的建筑，简称乙类。

③ 标准设防类：指大量的除①、②、④类以外按标准要求进行设防的建筑，简称丙类。

④ 适度设防类：指使用上人员稀少且震损不致产生次生灾害，允许在一定条件下适度降低要求的建筑，简称丁类。

1.1.3.2 抗震等级

抗震设计是设计部门依据国家有关规定，按《建筑工程抗震设防分类标准》（GB 50223—2008）中关于建筑物重要性分类与设防的标准，根据烈度、结构类型和房屋高度等，而采用不同抗震等级进行的具体设计，共分为四级。四级最低，一级最高，具体见表1-2。

表1-2　现浇钢筋混凝土房屋的抗震等级

<table>
<tr><th colspan="3" rowspan="2">结构类型</th><th colspan="10">设防烈度</th></tr>
<tr><th colspan="2">6</th><th colspan="3">7</th><th colspan="3">8</th><th colspan="2">9</th></tr>
<tr><td rowspan="3">框架结构</td><td colspan="2">高度/m</td><td>≤24</td><td>>24</td><td colspan="2">≤24</td><td>>24</td><td colspan="2">≤24</td><td>>24</td><td colspan="2">≤24</td></tr>
<tr><td colspan="2">框 架</td><td>四</td><td>三</td><td colspan="2">三</td><td>二</td><td colspan="2">二</td><td>一</td><td colspan="2">一</td></tr>
<tr><td colspan="2">大跨度框架</td><td colspan="2">三</td><td colspan="3">二</td><td colspan="3">一</td><td colspan="2">一</td></tr>
<tr><td rowspan="3">框架-抗震墙结构</td><td colspan="2">高度/m</td><td>≤60</td><td>>60</td><td>≤24</td><td>25～60</td><td>>60</td><td>≤24</td><td>25～60</td><td>>60</td><td>≤24</td><td>25～50</td></tr>
<tr><td colspan="2">框 架</td><td>四</td><td>三</td><td>四</td><td>三</td><td>二</td><td>三</td><td>二</td><td>一</td><td>二</td><td>一</td></tr>
<tr><td colspan="2">抗震墙</td><td colspan="2">三</td><td>三</td><td colspan="2">二</td><td>二</td><td colspan="2">一</td><td colspan="2">一</td></tr>
<tr><td rowspan="2">抗震墙结构</td><td colspan="2">高 度/m</td><td>≤ 80</td><td>>80</td><td>≤24</td><td>25～80</td><td>>80</td><td>≤24</td><td>25～80</td><td>>80</td><td>≤24</td><td>25～60</td></tr>
<tr><td colspan="2">抗震墙</td><td>四</td><td>三</td><td>四</td><td>三</td><td>二</td><td>三</td><td>二</td><td>一</td><td>二</td><td>一</td></tr>
<tr><td rowspan="4">部分框支抗震墙结构</td><td colspan="2">高 度/m</td><td>≤ 80</td><td>>80</td><td>≤24</td><td>25～80</td><td>>80</td><td>≤24</td><td>25～80</td><td rowspan="4"></td><td colspan="2" rowspan="4"></td></tr>
<tr><td rowspan="2">抗震墙</td><td>一般部位</td><td>四</td><td>三</td><td>四</td><td>三</td><td>二</td><td>三</td><td>二</td></tr>
<tr><td>加强部位</td><td>三</td><td>二</td><td>三</td><td>二</td><td>一</td><td>二</td><td>一</td></tr>
<tr><td colspan="2">框支层框架</td><td colspan="2">二</td><td colspan="2">二</td><td>一</td><td colspan="2">一</td></tr>
<tr><td rowspan="2">框架-核心筒</td><td colspan="2">框架</td><td colspan="2">三</td><td colspan="3">二</td><td colspan="3">一</td><td colspan="2">一</td></tr>
<tr><td colspan="2">核心筒</td><td colspan="2">二</td><td colspan="3">二</td><td colspan="3">一</td><td colspan="2">一</td></tr>
<tr><td rowspan="2">筒中筒</td><td colspan="2">外筒</td><td colspan="2">三</td><td colspan="3">二</td><td colspan="3">一</td><td colspan="2">一</td></tr>
<tr><td colspan="2">内筒</td><td colspan="2">三</td><td colspan="3">二</td><td colspan="3">一</td><td colspan="2">一</td></tr>
<tr><td rowspan="3">板柱-抗震墙结构</td><td colspan="2">高度/m</td><td>≤35</td><td>>35</td><td colspan="2">≤35</td><td>>35</td><td colspan="2">≤35</td><td>>35</td><td colspan="2" rowspan="3"></td></tr>
<tr><td colspan="2">框架、板柱的柱</td><td>三</td><td>二</td><td colspan="2">二</td><td>二</td><td colspan="3">一</td></tr>
<tr><td colspan="2">抗震墙</td><td>二</td><td>二</td><td colspan="2">二</td><td>一</td><td colspan="2">二</td><td>一</td></tr>
</table>

1.1.3.3 地震烈度和抗震设防烈度

地震烈度是指地面及房屋等建筑物受地震破坏的程度，是衡量某次地震对一定地点影响程度的一种度量，共分为6度、7度、8度、9度四个抗震设防烈度。在工程建筑设计中，鉴定、划分建筑区的地震烈度是很重要的，因为一个工程从建筑场地的选择到工程建筑的抗震措施等都与地震烈度密切关系。

一般情况下抗震设防烈度取基本烈度，但还需根据建筑物所在城市的大小，建筑物的类别、高度，以及当地的抗震设防小区规划进行确定。按国家规定的权限批准作为一个地区抗震设防的地震烈度称为抗震设防烈度。一般情况下，抗震设防烈度可采用中国地震参数区划图的地震基本烈度。

抗震设防烈度为6度及以上地区的建筑，必须进行抗震设计，6度一般只需按构造考虑。《建筑抗震设计规范》适用于抗震设防烈度为6～9度地区建筑工程的抗震设计以及隔震、消能减震设计。

任务1.2 混凝土结构一般构造

学习目标

知识目标：掌握钢筋的种类及标注方式；了解钢筋混凝土保护层、锚固及连接的原理。

技能目标：能够正确判断不同钢筋的种类及标注方式；能够根据图纸判断钢筋混凝土保护层、锚固及连接相关信息。

思政目标：培养学生遇到问题善于思考，灵活应用专业知识，精准细致的专业态度。

1.2.1 钢筋的种类及标注方式

1.2.1.1 钢筋的种类

钢筋的种类很多，通常按化学成分、力学性能、生产工艺、轧制外形、供应形式、直径大小，以及在结构中的用途进行分类。

（1）按直径大小分为钢丝（直径3～5mm）、细钢筋（直径6～10mm）、粗钢筋（直径大于22mm）。

（2）按力学性能分为Ⅰ级钢筋（300/420级）、Ⅱ级钢筋（335/455级）、Ⅲ级钢筋（400/540）和Ⅳ级钢筋（500/630）

（3）按生产工艺分有热轧、冷轧、冷拉的钢筋，还有以Ⅳ级钢筋经热处理而成的热处理钢筋，强度比前者更高。

（4）按在结构中的作用分为受压钢筋、受拉钢筋、架立钢筋、分布钢筋、箍筋等。

（5）按轧制外形分类如下。

① 光面钢筋：I级钢筋（Q300钢钢筋）均轧制为光面圆形截面，供应形式有盘圆，直径不大于

10mm，长度为6～12m。

② 带肋钢筋：有螺旋形、人字形和月牙形三种，一般Ⅱ、Ⅲ级钢筋轧制成人字形，Ⅳ级钢筋轧制成螺旋形及月牙形。

③ 钢线（分低碳钢丝和碳素钢丝两种）及钢绞线。

④ 冷轧扭钢筋：经冷轧并冷扭成型。

1.2.1.2 钢筋的标注方式

（1）常用的钢筋符号，如表1-3所列。

表1-3　钢筋符号

钢筋等级	钢筋符号	说明
HPB300	Φ（一级钢）	热轧光圆钢筋强度级别300MPa
HRB335	Φ（二级钢）	热轧带肋钢筋强度级别335MPa
HBF335	$Φ^F$（二级钢）	细晶粒热轧带肋钢筋强度级别335MPa
HRB400	Φ（三级钢）	热轧带肋钢筋强度级别400MPa
HRBF400	$Φ^F$（三级钢）	细晶粒热轧带肋钢筋强度级别400MPa
RRB400	$Φ^R$（三级钢）	余热处理带肋钢筋强度级别400MPa
HRB400E	$Φ^E$（三级钢）	有较高抗震性能的普通热轧带肋钢筋强度级别400MPa
HRB500	Φ（四级钢）	普通热轧带肋钢筋强度级别500MPa
HRBF500	$Φ^F$（四级钢）	细粒热轧带肋钢筋强度级别500MPa

（2）钢筋的标注方式。在结构施工图中，构件的钢筋标注要遵循一定的规范。

① 标注钢筋的数量（根）、直径和等级，如4Φ25：4表示钢筋的数量（根），25表示钢筋的直径（mm），Φ表示等级为HRB400钢筋。

② 标注钢筋的等级、直径和相邻钢筋中心距，如Φ10@100：10表示钢筋直径（mm），@为相等中心距符号，100表示相邻钢筋的中心距离（mm），Φ表示等级为HPB300钢筋。

1.2.2　钢筋混凝土保护层

1.2.2.1 钢筋混凝土保护层的定义

结构构件中钢筋外边缘至构件表面范围用于保护钢筋混凝土，简称保护层。为了保护钢筋在混凝土内部不被侵蚀，并保证钢筋与混凝土之间的黏结力，钢筋混凝土构件都必须设置保护层。

1.2.2.2 钢筋混凝土保护层的作用

（1）混凝土结构中，钢筋混凝土是由钢筋和混凝土两种不同材料组成的复合材料，两种材料具有良好的黏结性能是它们共同工作的基础，从钢筋黏结锚固角度对混凝土保护层提出要求，是为了保证钢筋与其周围混凝土能共同工作，并使钢筋充分发挥计算所需强度。

（2）钢筋裸露在大气或者其他介质中，容易受蚀生锈，使得钢筋的有效截面减少，影响结构受力，因此需要根据耐久性要求规定不同使用环境的混凝土保护层最小厚度，以保证构件在设计使用年限内钢筋不发生降低结构可靠度的锈蚀。

（3）对有防火要求的钢筋混凝土梁、板及预应力构件，对混凝土保护层提出要求是为了保证构件在火灾中按建筑物的耐火等级确定的耐火限的这段时间里，构件不会失去支持能力，应符合国家现行相关标准的要求。

1.2.3 钢筋的锚固

钢筋的锚固长度是指受力钢筋通过混凝土与钢筋的黏结将所受的力传递给混凝土所需的长度，用来承载上部所受的荷载，一般简称为锚固长度。如图1-5所示为柱在基础中的锚固。

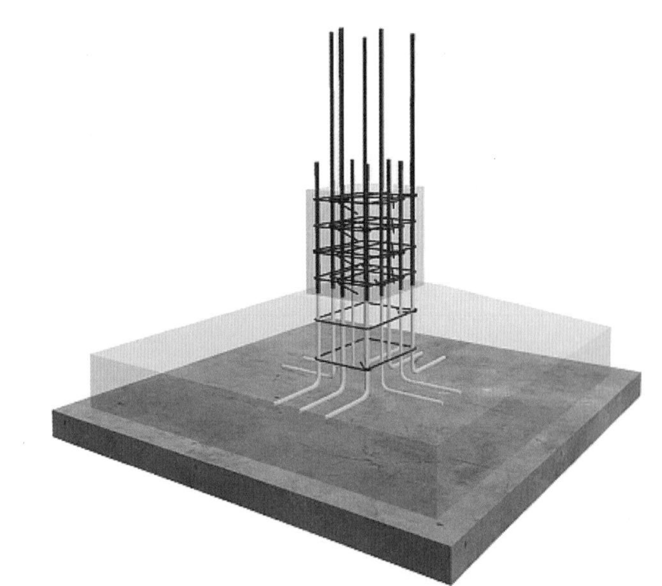

图1-5 柱在基础中的锚固

1.2.4 钢筋的连接

常见的钢筋连接分为三种形式，分别是绑扎搭接、焊接和机械连接，如图1-6～图1-8所示。

图1-6 绑扎搭接

图1-7 焊接

图1-8　机械连接

任务1.3

结构施工图识读

学习目标

知识目标：掌握施工图的分类及结构施工图的内容；了解平法中的相关数据。

技能目标：能够初识结构施工图；具备掌握图集内容构成的能力；具备深入理解和应用钢筋混凝土基本构件的锚固、连接、搭接、排布、避让等概念的能力。

思政目标：领悟“万丈高楼平地起，一砖一瓦皆根基”的深刻内涵。通过学习，培养学生将材料、力学、施工等方面的概念知识融会贯通的能力，进一步让学生领悟“细节决定成败”。

1.3.1　结构施工图识读

1.3.1.1 施工图的分类

施工图是表示工程项目总体布局，建筑物、构筑物的外部形状、内部布置、结构构造、内外装修、材料做法以及设备、施工等要求的图样。施工图主要由图框、平立面图、大样图、指北针、图例、比例等部分组成，包括建筑施工图、结构施工图和水电施工图。

1.3.1.2 结构施工图的组成

结构施工图由结构设计总说明、结构平面布置图、结构构件详图和其他图纸组成，具体见表1-4。

表1-4 结构施工图的组成

组成部分	包含	具体说明
结构设计总说明		说明新建建筑的结构类型、耐久年限、地震设防烈度、地基状况、材料强度等级、选用的标准图集、新结构和新工艺及特殊部位的施工顺序、方法及质量验收标准
结构平面布置图	基础平面图、楼层结构平面图和屋顶结构平面布置图	结构平面布置图表达建筑结构构件的平面布置，一般建筑的结构平面图均应有各层结构平面图及屋面结构平面图
结构构件详图	梁、板、柱构件详图、基础详图、屋架详图、楼梯详图和其他详图	分为配筋图、模板图、预埋件详图及材料用量表等。配筋图包括立面图、断面图和钢筋详图。其着重表示构件内部的钢筋配置、形状、数量和规格，是构件详图的主要图样
其他图纸	楼梯图、预埋件、特种结构和构筑物	楼梯图，应绘出每层楼梯结构平面布置及剖面图，注明尺寸，构件代号、标高、梯梁、梯板详图 预埋件，应绘出其平面、侧面或剖面，注明尺寸，钢材和锚筋的规格、型号、性能、焊接要求 特种结构和构筑物，如水池、水箱、烟囱、烟道、管架、地沟、挡土墙、筒仓、大型或特殊要求的设备基础、工作平台等，均宜单独绘图，应绘出平面、特征部位剖面及配筋，注明定位关系、尺寸、标高、材料品种和规格、型号、性能

1.3.2 平法的基本知识

1.3.2.1 什么是平法

平法是“建筑结构平面整体设计方法”的简称，是指混凝土结构施工图平面整体表示方法，即将构件的结构尺寸、标高、构造、配筋等信息，按照平面整体表示方法的制图规则，直接标示在各类构件的结构平面布置图上，再与标准构造图相配合，构成一套完整、简洁、明了的结构施工图，是我国结构施工图设计方法的重大创新。

1.3.2.2 平法的特点

（1）采用简化绘图，用标准化的设计制图规则，表达数字化、符号化，单张图纸的信息量大且集中；构件分类明确，层次清晰，表达准确；构造设计形象、直观，施工易懂、易操作；变离散为集中表达，更准确、直观。

（2）平法设计更方便，设计速度快，使设计者便于掌握全局，易修改、变更，设计效率成倍提高。

（3）便于施工与管理，施工看图、查阅更方便，表达顺序与施工一致，施工易操作，保证节点构造施工标准化和高质量；平法能适应业主分阶段分层提图施工的要求，便于业主和监理分阶段、分层监督与管理。

（4）与发达国家设计方法接轨。

1.3.2.3 钢筋的混凝土保护层的最小厚度

混凝土保护层厚度越大，构件的受力钢筋黏结锚固性能、耐久性和防火性能越好。但是，过大的保护层厚度会使构件受力后产生的裂缝宽度过大，会影响其使用性能（如破坏构件表面的装修层、过大的裂缝宽度会使人恐慌不安等），过大的保护层厚度亦会造成经济上的浪费。因此，《混凝土结构设计规范》（GB 50010—2010）中规定，设计使用年限为50年的混凝土结构，最外层钢筋的保护层厚度应符合表1-5的规定；设计使用年限为100年的混凝土结构，最外层钢筋的保护层厚度不应小于表1-5中数值的1.4倍。普通钢筋及预应力钢筋，其混凝土保护层厚度（受力钢筋最外钢筋外边缘至混凝土表面的距离）不应小于钢筋的公称直径，且应符合表1-5的规定。一般设计中采用最小值。环境类别与条件见表1-6。

表1-5 混凝土保护层的最小厚度 单位：mm

环境类别	板、墙		梁、柱		基础梁（顶面和侧面）		独立基础、条形基础、筏形基础（顶面和侧面）	
	≤C25	≥C30	≤C25	≥C30	≤C25	≥C30	≤C25	≥C30
一	20	15	25	20	25	20		
二a	25	20	30	25	30	25	25	20
二b	30	25	40	35	40	35	30	25
三a	35	30	45	40	45	40	35	30
三b	45	40	55	50	55	50	45	40

注：1. 表中混凝土保护层厚度指最外层钢筋外边缘至混凝土表面的距离，适用于设计使用年限为50年的混凝土结构。
2. 构件中受力钢筋的保护层厚度不应小于钢筋的公称直径。
3. 设计使用年限为100年的混凝土结构，一类环境中，最外层钢筋的保护层厚度不应小于表中数值的1.4倍；二、三类环境中，应采取专门的有效措施。
4. 混凝土强度等级不大于C25时，表中保护层厚度数值应增加5mm。
5. 基础底面钢筋的保护层厚度，有垫层时应从垫层顶面算起，且不应小于40mm；无垫层时不应小于70mm。承台底面钢筋保护层厚度不应小于桩头嵌入承台内的长度。

表1-6 环境类别与条件

环境类别	条 件
一	室内干燥环境，永久的无侵蚀性静水浸没环境
二a	室内潮湿环境，非严寒和非寒冷地区的露天环境；非严寒和非寒冷地区与无侵蚀性的水或土直接接触的环境；非寒冷和寒冷地区的冰冻线以下与无侵蚀性的水或土直接接触的环境
二b	干湿交替环境；水位频繁变动区环境；严寒和寒冷地区的露天环境；严寒和寒冷地区冰冻线以上与无侵蚀性的水或土直接接触的环境
三a	严寒和寒冷地区冬季水位变动区环境；受除冰盐影响环境；海风环境
三b	盐渍土环境；受除冰盐作用环境；海岸环境
四	海洋环境
五	受人为或自然的侵蚀性物质影响的环境

注：1. 室内潮湿环境是指经常暴露在相对湿度大于75%的环境。
2. 严寒和寒冷地区的划分应符合现行国家标准《民用建筑热工设计规范》（GB 50176—2016）的有关规定。
3. 海岸环境为距海岸线100m以内；室内潮湿环境为距海岸线100m以外、300m以内，但应考虑主导风向及结构所处迎风、背风部位等因素的影响。
4. 受除冰盐影响环境为受到除冰盐盐雾影响的环境；受除冰盐作用环境指被除冰盐溶液溅射的环境以及使用除冰盐地区的洗车房、停车楼等建筑。

1.3.2.4 钢筋锚固长度和搭接长度

（1）钢筋的锚固长度。分为受拉钢筋基本锚固长度、抗震设计时受拉钢筋基本锚固长度、受拉钢筋锚固长度和抗震时受拉钢筋锚固长度，具体见表1-7～表1-10。

（2）钢筋的搭接长度。钢筋采用绑扎搭接时，需满足一定的搭接长度，在22G101图集中分为纵向受拉钢筋搭接长度l_l和纵向受拉钢筋抗震搭接长度l_{lE}，具体数值见表1-11和表1-12。

表1-7　受拉钢筋基本锚固长度l_{ab}

钢筋种类	混凝土强度等级								
	C20	C25	C30	C35	C40	C45	C50	C55	≥C60
HPB300	39*d*	34*d*	30*d*	28*d*	25*d*	24*d*	23*d*	22*d*	21*d*
HRB335、HRBF335	38*d*	33*d*	29*d*	27*d*	25*d*	23*d*	22*d*	21*d*	21*d*
HRB400、HRBF400、RRB400	—	40*d*	35*d*	32*d*	29*d*	28*d*	27*d*	26*d*	25*d*
HRB500、HRBF500	—	48*d*	43*d*	39*d*	36*d*	34*d*	32*d*	31*d*	30*d*

注：*d*为锚固钢筋的直径。

表1-8　抗震设计时受拉钢筋基本锚固长度l_{abE}

钢筋种类		混凝土强度等级								
		C20	C25	C30	C35	C40	C45	C50	C55	>C60
HPB300	一、二级	45*d*	39*d*	35*d*	32*d*	29*d*	28*d*	26*d*	25*d*	24*d*
	三级	41*d*	36*d*	32*d*	29*d*	26*d*	25*d*	24*d*	23*d*	22*d*
HRB335 HRBF335	一、二级	44*d*	38*d*	33*d*	31*d*	29*d*	26*d*	25*d*	24*d*	24*d*
	三级	40*d*	35*d*	31*d*	28*d*	26*d*	24*d*	23*d*	22*d*	22*d*
HRB400 HRBF400	一、二级	—	46*d*	40*d*	37*d*	33*d*	32*d*	31*d*	30*d*	29*d*
	三级	—	42*d*	37*d*	34*d*	30*d*	29*d*	28*d*	27*d*	26*d*
HRB500 HRBF500	一、二级	—	55*d*	49*d*	45*d*	41*d*	39*d*	37*d*	36*d*	35*d*
	三级	—	50*d*	45*d*	41*d*	38*d*	36*d*	34*d*	33*d*	32*d*

注：1. 四级抗震时，$l_{abE}=l_{ab}$。

2. 当锚固钢筋的保护层厚度不大于5*d*时，锚固钢筋长度范围内应设置横向构造钢筋，其直径不应小于*d*/4（*d*为锚固钢筋约最大直径）；对梁、柱等构件间距不应大于5*d*，对板、墙等构件间距不应大于10*d*，且均不应大于100mm（*d*为锚固钢筋的最小直径）。

表1-9 受拉钢筋锚固长度l_a

单位：mm

钢筋种类	混凝土强度等级																
	C20	C25		C30		C35		C40		C45		C50		C55		>C60	
	$d\leqslant25$	$d\leqslant25d$	$d>25$	$d\leqslant25$	$d>25$	$d\leqslant25$	$d>25$	$d\leqslant25$	$d>25$	$d\leqslant25$	$d>25$	$d\leqslant25$	$d>25$	$d\leqslant25$	$d>25$	$d\leqslant25$	$d>25$
HPB300	39*d*	34*d*	—	30*d*	—	28*d*	—	25*d*	—	24*d*	—	23*d*	—	22*d*	—	21*d*	—
HRB335、HRBF335	38*d*	33*d*	—	29*d*	—	27*d*	—	25*d*	—	23*d*	—	22*d*	—	21*d*	—	21*d*	—
HRB400、HRBF400 RRB400	—	40*d*	44*d*	35*d*	39*d*	32*d*	35*d*	29*d*	32*d*	28*d*	31*d*	27*d*	30*d*	26*d*	29*d*	15*d*	28*d*
HRB500、HRBF500	—	48*d*	53*d*	43*d*	47*d*	39*d*	43*d*	36*d*	40*d*	34*d*	37*d*	32*d*	35*d*	31*d*	34*d*	30*d*	33*d*

表1-10 受拉钢筋抗震锚固长度l_{aE}

单位：mm

钢筋种类及抗震等级		混凝土强度等级																
		C20	C25		C30		C35		C40		C45		C50		C55		>C60	
		$d\leqslant25$	$d\leqslant25$	$d>25$	$d\leqslant25$	$d>25$	$d\leqslant25$	$d>25$	$d\leqslant25$	$d>25$	$d\leqslant25$	$d>25$	$d\leqslant25$	$d>25$	$d\leqslant25$	$d>25$	$d\leqslant25$	$d>25$
HPB300	一、二级	45*d*	39*d*	—	35*d*	—	32*d*	—	29*d*	—	28*d*	—	26*d*	—	25*d*	—	24*d*	—
	三级	41*d*	36*d*	—	32*d*	—	29*d*	—	26*d*	—	25*d*	—	24*d*	—	23*d*	—	22*d*	—

续表

钢筋种类及抗震等级		混凝土强度等级																
		C20	C25		C30		C35		C40		C45		C50		C55		>C60	
		$d \leq 25$	$d \leq 25$	$d > 25$	$d \leq 25$	$d > 25$	$d \leq 25$	$d > 25$	$d \leq 25$	$d > 25$	$d \leq 25$	$d > 25$	$d \leq 25$	$d > 25$	$d \leq 25$	$d > 25$	$d \leq 25$	$d > 25$
HRB335 HRBF335	一、二级	44*d*	38*d*	—	33*d*	—	31*d*	—	29*d*	—	26*d*	—	25*d*	—	24*d*	—	24*d*	—
	三级	40*d*	35*d*	—	30*d*	—	28*d*	—	26*d*	—	24*d*	—	23*d*	—	22*d*	—	22*d*	—
HRB400 HRBF400	一、二级	—	46*d*	51*d*	40*d*	45*d*	37*d*	40*d*	33*d*	37*d*	32*d*	36*d*	31*d*	35*d*	30*d*	33*d*	29*d*	32*d*
	三级	—	42*d*	46*d*	37*d*	41*d*	34*d*	37*d*	30*d*	34*d*	29*d*	33*d*	28*d*	32*d*	27*d*	30*d*	26*d*	29*d*
HRB500 HRBF500	一、二级		55*d*	61*d*	49*d*	54*d*	4s*d*	49*d*	41*d*	46*d*	39*d*	43*d*	37*d*	40*d*	36*d*	39*d*	35*d*	38*d*
	三级		50*d*	56*d*	45*d*	49*d*	41*d*	45*d*	38*d*	42*d*	36*d*	39*d*	34*d*	37*d*	33*d*	36*d*	32*d*	35*d*

注：1. 当为环氧树脂涂层带肋钢筋时，表中数据尚应乘以1.25。

2. 当纵向受拉钢筋在施工过程中易受扰动时，表中数据尚应乘以1.1。

3. 当锚固长度范围内纵向受力钢筋周边保护层厚度为3*d*、5*d*（*d*为锚固钢筋的直径）时，表中数据可分别乘以0.8、0.7。

4. 受拉钢筋的锚固长度l_a、l_{aE}计算值不应小于200mm。

表1-11 纵向受拉钢筋搭接长度l_l

单位：mm

钢筋种类及同一区段内搭接钢筋面积比例		混凝土强度等级																
		C20	C25		C30		C35		C40		C45		C50		C55		>C60	
		$d≤25$	$d≤25$	$d>25$	$d≤25$	$d>25$	$d≤25$	$d>25$	$d≤25$	$d>25$	$d≤25$	$d>25$	$d≤25$	$d>25$	$d≤25$	$d>25$	$d≤25$	$d>25$
HPB300	≤25%	47*d*	41*d*	—	36*d*	—	34*d*	—	30*d*	—	29*d*	—	28*d*	—	26*d*	—	25*d*	—
	50%	55*d*	48*d*	—	42*d*	—	39*d*	—	35*d*	—	34*d*	—	32*d*	—	31*d*	—	29*d*	—
	100%	62*d*	54*d*	—	48*d*	—	45*d*	—	40*d*	—	38*d*	—	37*d*	—	35*d*	—	34*d*	—
HRB335 HRBF335	≤25%	46*d*	40*d*	—	35*d*	—	32*d*	—	30*d*	—	28*d*	—	26*d*	—	25*d*	—	25*d*	—
	50%	53*d*	46*d*	—	41*d*	—	38*d*	—	35*d*	—	32*d*	—	31*d*	—	29*d*	—	29*d*	—
	100%	61*d*	53*d*	—	46*d*	—	43*d*	—	40*d*	—	37*d*	—	35*d*	—	34*d*	—	34*d*	—
HRB400 HRBF400	≤25%	—	48*d*	53*d*	42*d*	47*d*	38*d*	42*d*	35*d*	38*d*	34*d*	37*d*	32*d*	36*d*	31*d*	35*d*	30*d*	34*d*
	50%	—	56*d*	62*d*	49*d*	55*d*	45*d*	49*d*	41*d*	45*d*	39*d*	43*d*	38*d*	42*d*	36*d*	41*d*	35*d*	39*d*
	100%	—	64*d*	70*d*	56*d*	62*d*	51*d*	56*d*	46*d*	51*d*	45*d*	50*d*	43*d*	48*d*	42*d*	46*d*	40*d*	45*d*
HRB500 HRBF500	≤25%	—	58*d*	64*d*	52*d*	56*d*	47*d*	52*d*	43*d*	48*d*	41*d*	44*d*	38*d*	42*d*	37*d*	41*d*	36*d*	40*d*
	50%	—	67*d*	74*d*	60*d*	66*d*	55*d*	60*d*	50*d*	56*d*	48*d*	52*d*	45*d*	49*d*	43*d*	48*d*	42*d*	46*d*
	100%	—	77*d*	85*d*	69*d*	75*d*	62*d*	69*d*	58*d*	64*d*	54*d*	59*d*	51*d*	56*d*	50*d*	54*d*	48*d*	53*d*

表1-12　纵向受拉钢筋抗震搭接长度l_{lE}

单位：mm

钢筋种类及同一区段内搭接钢筋面积比例			混凝土强度等级																
			C20	C15		C30		C35		C40		C45		C50		C55		C60	
			$d\leqslant25$	$d\leqslant25$	$d>25$	$d\leqslant25$	$d>25$	$d\leqslant25$	$d>25$	$d\leqslant25$	$d>25$	$d\leqslant25$	$d>25$	$d\leqslant25$	$d>25$	$d\leqslant25$	$d>25$	$d\leqslant25$	$d>25$
一、二级抗震等级	HPB300	≤25%	54d	47d	—	42d	—	38d	—	35d	—	34d	—	31d	—	30d	—	29d	—
		50%	63d	55d	—	49d	—	45d	—	41d	—	39d	—	36d	—	35d	—	34d	—
	HRB335 HRBF335	≤25%	53d	46d	—	40d	—	37d	—	35d	—	31d	—	30d	—	29d	—	29d	—
		50%	62d	53d	—	46d	—	43d	—	41d	—	36d	—	35d	—	34d	—	34d	—
	HRB400 HRBF400	≤25%	—	55d	61d	48d	54d	44d	48d	40d	44d	38d	43d	37d	42d	36d	40d	35d	38d
		50%	—	64d	71d	56d	63d	52d	56d	46d	52d	45d	50d	43d	49d	42d	46d	41d	45d
	HRB500 HRBF500	≤25%	—	66d	73d	59d	65d	54d	59d	49d	55d	47d	52d	44d	48d	43d	47d	42d	46d
		50%	—	77d	85d	69d	76d	63d	69d	57d	64d	55d	60d	52d	56d	50d	55d	49d	53d
三级抗震等级	HPB300	≤25%	49d	43d	—	38d	—	35d	—	31d	—	30d	—	29d	—	28d	—	26d	—
		50%	57d	50d	—	45d	—	41d	—	36d	—	35d	—	34d	—	32d	—	31d	—
	HRB335 HRBF335	≤25%	48d	42d	—	36d	—	34d	—	31d	—	29d	—	28d	—	26d	—	26d	—
		50%	56d	49d	—	42d	—	39d	—	36d	—	34d	—	32d	—	31d	—	31d	—

续表

钢筋种类及同一区段内搭接钢筋面积比例			混凝土强度等级																
			C20	C15		C30		C35		C40		C45		C50		C55		C60	
			$d\leqslant25$	$d\leqslant25$	$d>25$	$d\leqslant25$	$d>25$	$d\leqslant25$	$d>25$	$d\leqslant25$	$d>25$	$d\leqslant25$	$d>25$	$d\leqslant25$	$d>25$	$d\leqslant25$	$d>25$	$d\leqslant25$	$d>25$
三级抗震等级	HRB400 HRBF400	≤25%	—	50*d*	55*d*	44*d*	49*d*	41*d*	44*d*	36*d*	41*d*	35*d*	40*d*	34*d*	38*d*	32*d*	36*d*	31*d*	35*d*
		50%	—	59*d*	64*d*	52*d*	57*d*	48*d*	52*d*	42*d*	48*d*	41*d*	46*d*	39*d*	45*d*	38*d*	42*d*	36*d*	41*d*
	HRB500 HRBF500	≤25%	—	60*d*	67*d*	54*d*	59*d*	49*d*	54*d*	46*d*	50*d*	43*d*	47*d*	41*d*	44*d*	40*d*	43*d*	38*d*	42*d*
		50%	—	70*d*	78*d*	63*d*	69*d*	57*d*	63*d*	53*d*	59*d*	50*d*	55*d*	48*d*	52*d*	46*d*	50*d*	45*d*	49*d*

注：1. 表中数值为纵向受拉钢筋绑扎搭接接头的搭接长度。

2. 两根不同直径钢筋搭接时，表中d取较细钢筋直径。

3. 当为环氧树脂涂层带肋钢筋时，表中数据尚应乘以1.25。

4. 当纵向受拉钢筋在施工过程中易受扰动时，表中数据尚应乘以1.1。

5. 当搭接长度范围内纵向受力钢筋周边保护层厚度为3d、5d（d为搭接钢筋的直径）时，表中数据尚可分别乘以0.8、0.7，在中间时取内插值。

6. 当上述修正系数（注3～5）多于一项时，可按连乘计算。

7. 任何情况下，搭接长度都不应小于300mm。

8. 四级抗震等级时，$l_{lE}=l_l$。

项目2

基础工程施工图识读

项目概述

基础是每个建筑工程必要的基本构件。基础结构施工图的复杂程度与工程的难易程度有关。常见的基本类型包含条形基础、独立基础、桩承台基础、筏板基础和箱基。在进行基础工程施工图识读时，主要是依据图集和规范对实际项目中的基本构件进行归类及精细讲解，通过示范绘制基础钢筋翻样图和填写翻样卡，来掌握各种基础的结构施工图。

思政案例——实实在在反违章，真心实意抓安全

2009年6月27日凌晨5点30分左右，上海市闵行区莲花河畔景苑一幢13层在建楼房倒塌，如图2-1所示。上海市组成包括14位勘察、设计、地质、水利、结构等相关专业专家的专家组，对事故原因进行调查。事故责任调查由上海市安监局牵头负责调查。

图2-1　上海市在建楼房倒塌现场

调查结果显示，倾覆主要原因是，楼房北侧在短期内堆土高达10m，南侧正在开挖4.6m深的地下车库基坑，两侧压力差导致土体产生水平位移，过大的水平力超过了桩基的抗侧能力，导致房屋倾倒。

事故调查专家组组长、中国工程院院士江欢成说，事发楼房附近有过两次堆土施工：半年前第一次堆土距离楼房约20m，离防汛墙10m，高3～4m；第二次从6月20日起施工方在事发楼盘前方开挖基坑堆土，6天内即高达10m，“致使压力过大”。

紧贴7号楼北侧，在短期内堆土过高，最高处达10m左右；与此同时，紧邻大楼南侧的地下车库基坑正在开挖，开挖深度4.6m，大楼两侧的压力差使土体产生水平位移，过大的水平力超过了桩基的抗侧能力，导致房屋倾倒。南面4.6m深的地下车库基坑掏空13层楼房基础下面的土体，可能加速房屋南面的沉降，使房屋向南倾斜。

7号楼北侧堆土太高，堆载已是土承载力的两倍多，使第3层土和第4层土处于塑性流动状态，造成土体向淀浦河方向的局部滑动，滑动面上的滑动力使桩基倾斜，使向南倾斜的上部结构加速向南倾斜。

任务2.1

独立基础施工图识读

任务目标

知识目标：掌握各种独立基础结构设计说明知识、结构平面图构成知识、基础详图识读知识。

技能目标：具备填写独立基础详构件钢筋翻样卡的能力，具备正确确定基础钢筋级别、直径、数量、形状、尺寸等基本信息的能力。

思政目标：培养学生善于分析比对，举一反三，融会贯通的能力。

问题引导

制图规则：

① 独立基础有哪些种类？各自的编号是什么？

② 独立基础有哪几种注写的方式？

③ 绘制横断面图和纵断面图需要哪些信息？

构造详图：

普通独立基础和底板配筋缩短10%的有何区别？

2.1.1 独立基础平法规则识读

2.1.1.1 独立基础类型

独立基础分为普通独立基础和杯口独立基础，具体见表2-1。

表2-1 独立基础类型

独立基础类型	基础底板截面形状	代号	序号
普通独立基础	阶形	DJj	××
	锥形	DJz	××
杯口独立基础	阶形	BJj	××
	锥形	BJz	××

2.1.1.2 独立基础平法施工图的表示方法

独立基础平法施工图的表示方法（图2-2），可采用平面注写方式、截面注写方式或列表注写方式，其中：截面注写方式为对单个基础进行截面标注，对于已在基础平面布置图上原位标注清楚的该基础的平面几何尺寸，在界面图上可不再重复表达；列表注写方式，应在基础的平面布置图上对所有基础进行编号，可结合平面和截面示意图进行集中表达。

独立基础列表注写示例如表2-2。

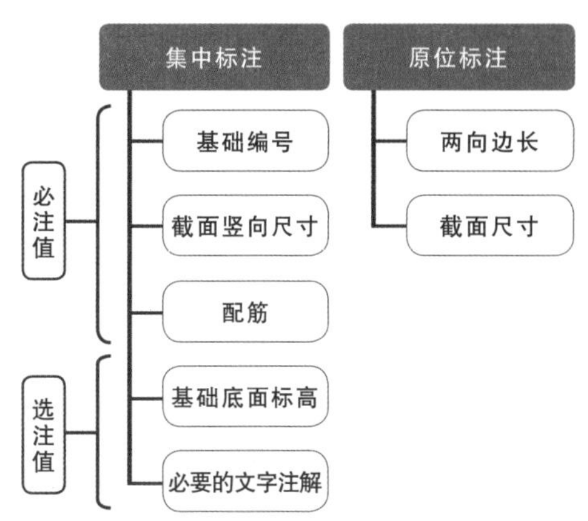

图2-2 独立基础平法施工图的表示方法

表2-2 独立基础列表注写示例

单位：mm

基础号	基础尺寸						配筋	柱断面
	A/2	*A*	*B*/2	*B*	h_1	h_2		
J-1	1300	2600	1300	2600	300	200	Φ12@140	400×400
J-2	1400	2800	1400	2800	300	300	Φ14@160	400×400
J-3	1500	3000	1500	3000	300	300	Φ14@160	400×400
J-4	1600	3200	1600	3200	400	300	Φ14@130	400×400
J-5	1700	3400	1700	3400	400	300	Φ14@130	400×400
J-6	1800	3600	1800	3600	400	400	Φ16@150	400×400
J-7	1900	3800	2300	4600	400	400	Φ16@150	400×400 （450×450）
J-8	2400	4800	2400	4800	500	400	Φ16@130	500×500

任务小结

学习本小节任务时要重点、准确地理解平法原理；掌握平面注写、截面注写或列表注写各项的含义；能够准确绘制出基本截面的断面图，并绘制完整的信息，包括横断面尺寸以及各类钢筋的信息。

独立基础的平法识读首先要掌握平法规则。规则识读的准确性直接关系到识读结构图的质量。我们需要通过大量的实践去掌握不同独立基础的钢筋翻样，来确定构件中不同钢筋的信息。

独立基础平法识读实践案例见表2-3。独立基础平法识读实践提高见表2-4。

表2-3　独立基础平法识读实践案例

实践要求：

根据给出的J-1的数据，转换为平面注写方式

平法施工图：

基础配筋表

基础号	基础尺寸						配筋	柱断面
	$A/2$	A	$B/2$	B	h_1	h_2		
J-1	1300	2600	1300	2600	300	200	Φ12@140	400×400
J-2	1400	2800	1400	2800	300	300	Φ14@160	400×400
J-3	1500	3000	1500	3000	300	300	Φ14@160	400×400
J-4	1600	3200	1600	3200	400	300	Φ14@130	400×400
J-5	1700	3400	1700	3400	400	300	Φ14@130	400×400
J-6	1800	3600	1800	3600	400	400	Φ16@150	400×400
J-7	1900	3800	2300	4600	400	400	Φ16@150	400×400（450×450）
J-8	2400	4800	2400	4800	500	400	Φ16@130	500×500

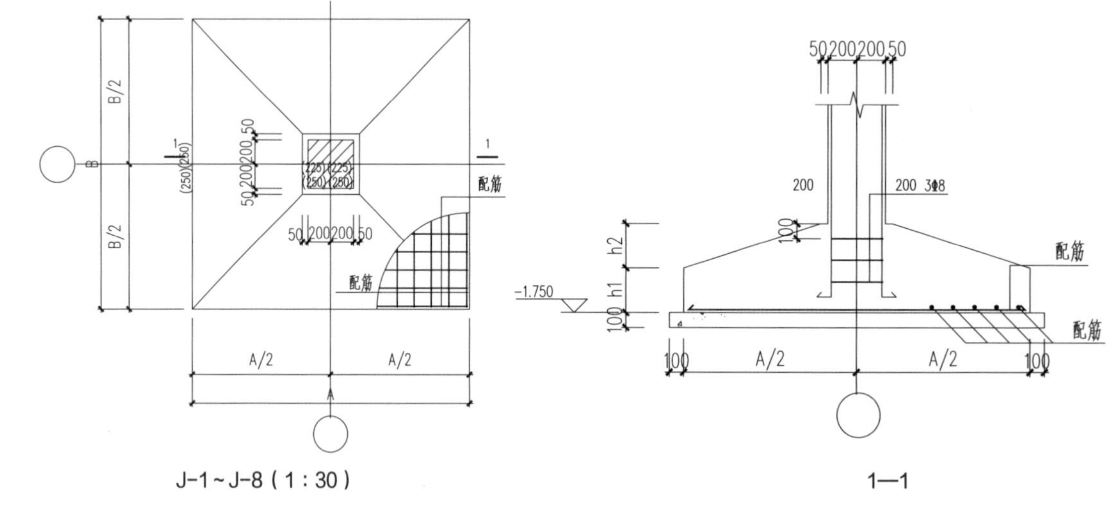

J-1～J-8（1：30）　　1—1

案例答案：

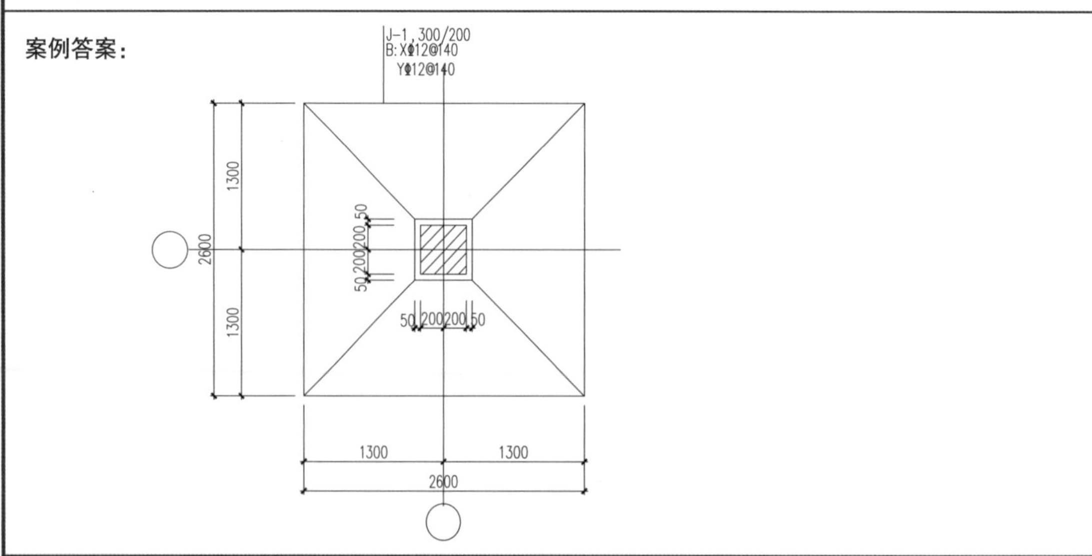

表2-4　独立基础平法识读实践提高

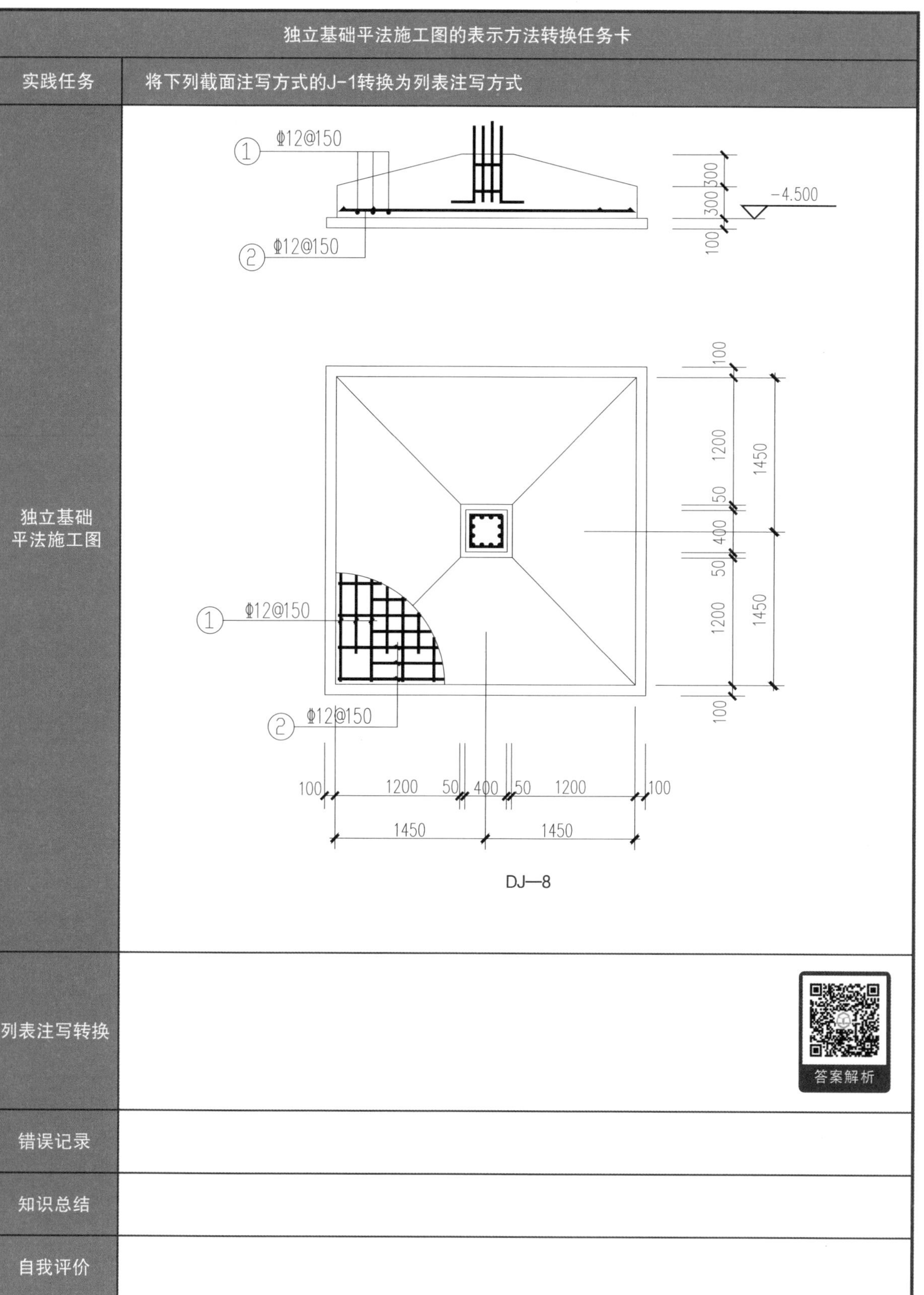

独立基础平法施工图的表示方法转换任务卡	
实践任务	将下列截面注写方式的J-1转换为列表注写方式
独立基础平法施工图	DJ—8
列表注写转换	
错误记录	
知识总结	
自我评价	

2.1.2 独立基础平法构造识读

2.1.2.1 钢筋种类

独立基础的钢筋种类如图2-3所示。

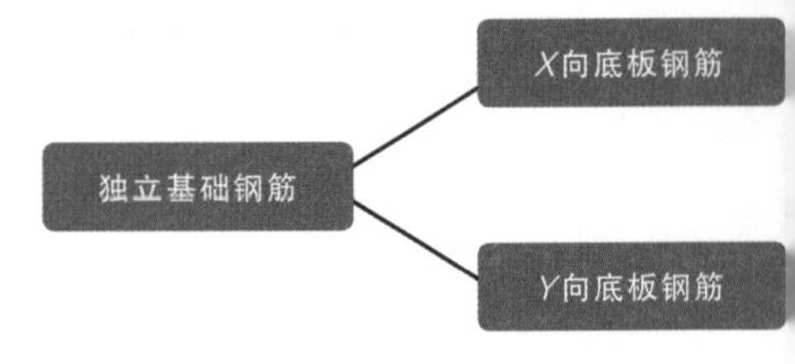

图2-3 独立基础的钢筋种类

2.1.2.2 钢筋构造

独立基础的钢筋构造如图2-4所示。

X向底板钢筋和Y向底板钢筋如图2-5所示。

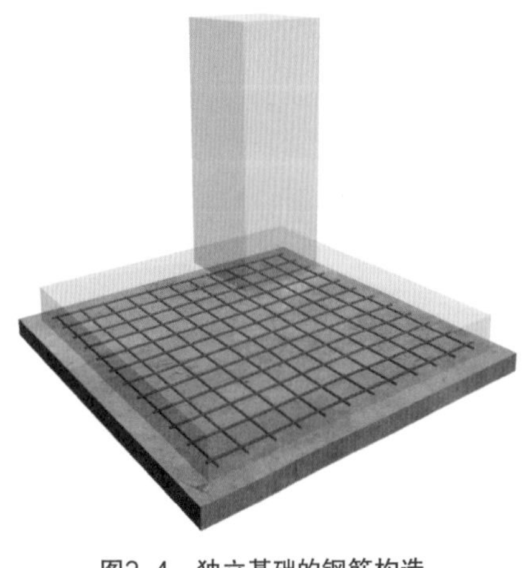

图2-4 独立基础的钢筋构造

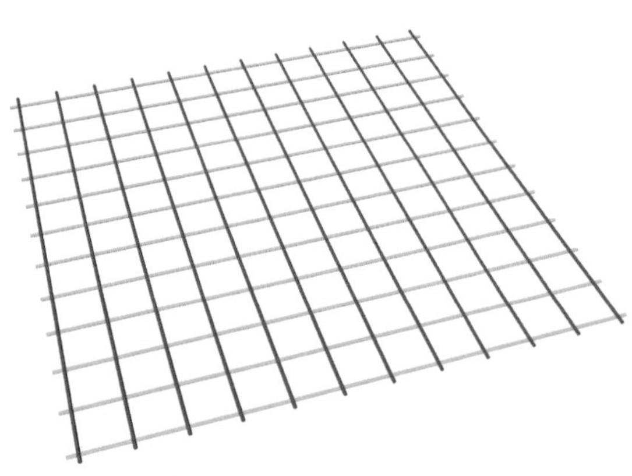

图2-5 X向底板钢筋和Y向底板钢筋

任务小结

学习本构造节点时要重点掌握底板配筋长度：当独立基础底板长度≥2500mm时，除外侧钢筋外，底板配筋长度可取相应方向底板长度的0.9倍，交错放置；基础边第一根钢筋距离基础边缘应≤钢筋间距的一半，且≤75mm。

独立基础的平法构造是在掌握平法规则的前提下对钢筋构造的进一步细化。即在明确钢筋级别、直径、位置、数量的基础上进一步确定钢筋的形状。从施工的角度考虑钢筋的排布情况。构造结点识读及选择的准确性对识读结构图及钢筋工程起到非常重要的作用。我们需要通过大量的实践去掌握不同独立基础的钢筋翻样，来确定构件中不同钢筋的信息。

独立基础构造识读实践案例见表2-5。独立基础构造识读实践提高见表2-6。独立基础构造识读实践拓展见表2-7。

表2-5 独立基础构造识读实践案例

实践要求：

补全独立基础信息

平法施工图：

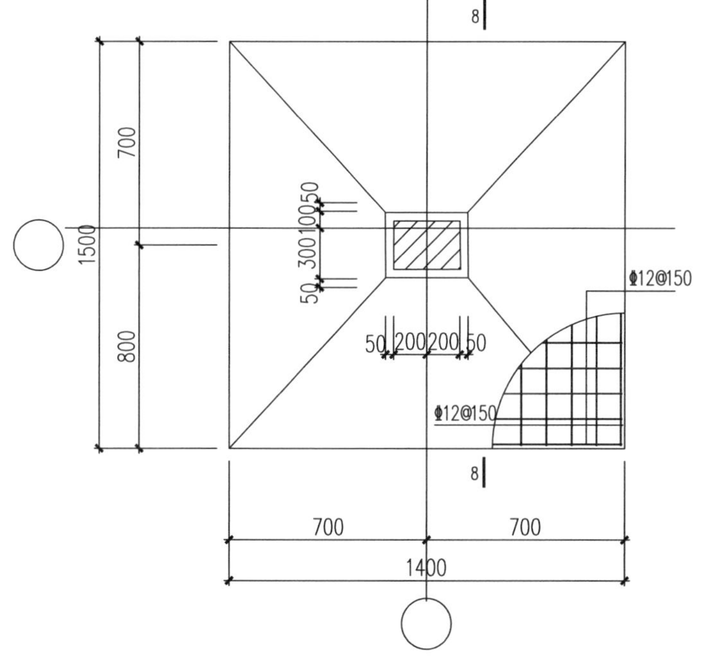

案例答案：

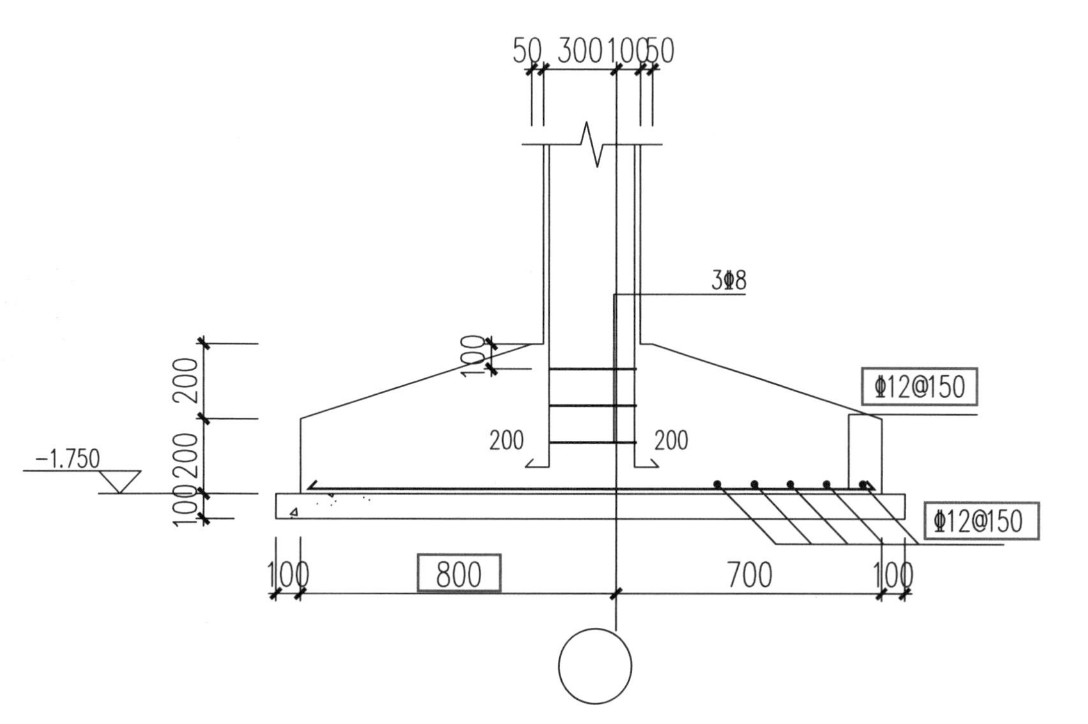

表2-6 独立基础构造识读实践提高

补全独立基础信息任务卡	
实践任务	根据给出的列表注写中J-3的信息，补全截面中相关信息

独立基础平法施工图

基础配筋表

基础号	基础尺寸						配筋	柱断面
	$A/2$	A	$B/2$	B	h_1	h_2		
J-1	1300	2600	1300	2600	300	200	Φ12@140	400×400
J-2	1400	2800	1400	2800	300	300	Φ14@160	400×400
J-3	1500	3000	1500	3000	300	300	Φ14@160	400×400
J-4	1600	3200	1600	3200	400	300	Φ14@130	400×400
J-5	1700	3400	1700	3400	400	300	Φ14@130	400×400
J-6	1800	3600	1800	3600	400	400	Φ16@150	400×400
J-7	1900	3800	2300	4600	400	400	Φ16@150	400×400 （450×450）
J-8	2400	4800	2400	4800	500	400	Φ16@130	500×500

补全截面信息

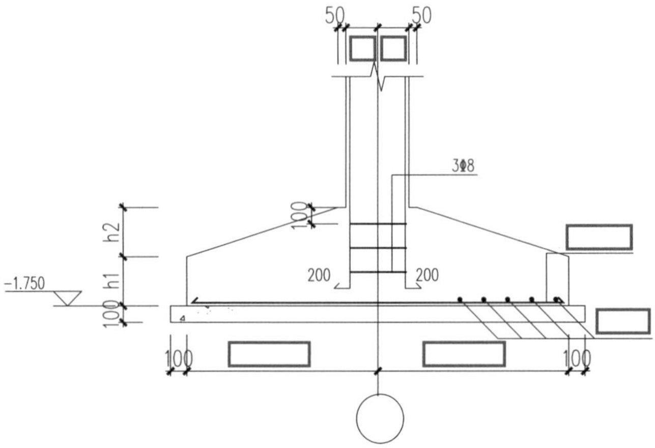

答案解析

错误记录	
知识总结	
自我评价	

拓展任务要求：对教师指定图纸中的独立基础进行钢筋翻样。

表2-7　独立基础构造识读实践拓展

独立基础钢筋翻样卡				
钢筋名称	钢筋编号	钢筋代号	钢筋数量	钢筋形状及尺寸
X向底板钢筋1				
X向底板钢筋2				
Y向底板钢筋1				
Y向底板钢筋2				
长度及根数计算过程				

任务2.2

桩基础施工图识读

任务目标

知识目标：掌握灌注桩施工图识读知识，包括结构设计说明、桩位图、基础平面图、桩身体详图、基础联系梁详图、钢筋笼、承台详图的知识。

技能目标：具备填写承台、基础联系梁、钢筋笼等构件的钢筋翻样卡的能力；具备正确确定各种基础构件钢筋级别、直径、数量、形状、尺寸等基本信息的能力。

思政目标：培养学生善于观察归纳和能够触类旁通的能力。

问题引导

制图规则：

① 桩承台有哪些种类？各自的编号是什么？

② 桩承台有哪几种注写的方式？

构造详图：

板式承台和梁式承台的钢筋构造有哪些区别？

2.2.1 桩承台平法规则识读

2.2.1.1 桩承台类型

桩承台按照截面形状分为阶形和锥形，具体见表2-8。

表2-8 桩承台类型

桩承台类型	截面形状	代号	序号
独立桩承台	阶形	CTj	××
	锥形	CTz	××

2.2.1.2 桩承台平法施工图的表示方法

桩承台平法施工图的表示方法（图2-6），可采用平面注写方式、列表注写方式或截面注写方式，其中：截面注写方式和列表注写（结合截面示意图）方式应在桩基平面布置图上对所有桩基承台进行编号。

截面注写示例如图2-7和图2-8所示。

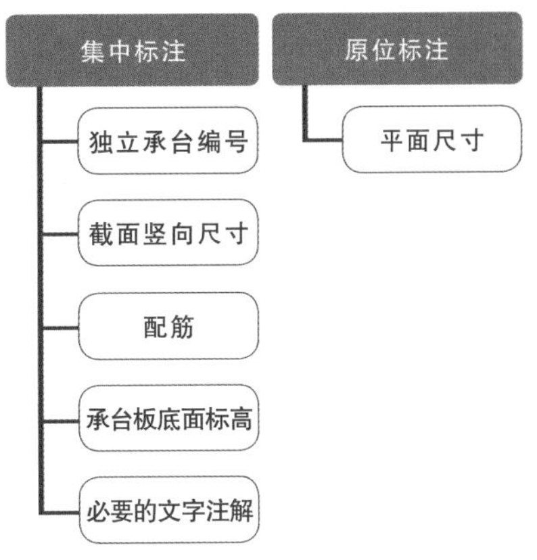

图2-6　桩承台平法施工图的表示方法

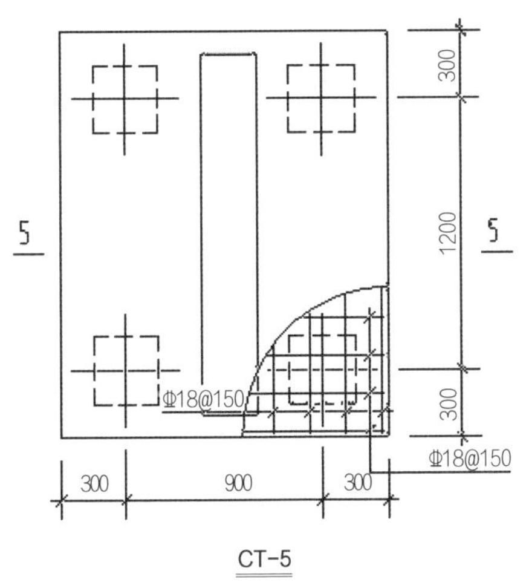

图2-7　截面注写示例（一）

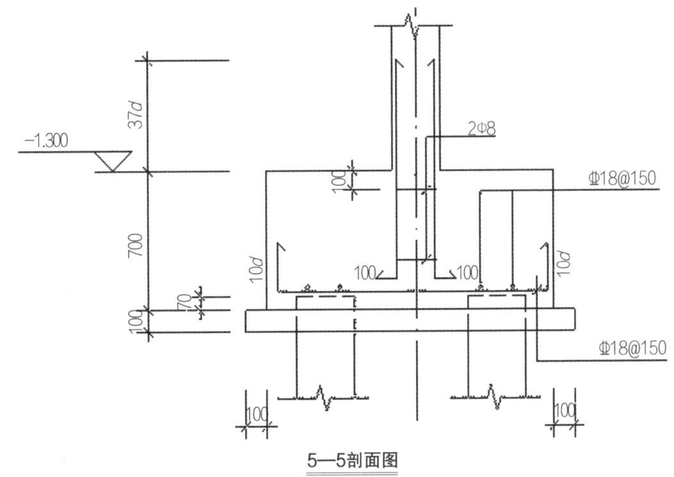

图2-8　截面注写示例（二）

任务小结

学习本小节任务时要重点、准确地理解平法原理；掌握平面注写、截面注写和列表注写各项的含义；能够准确绘制出基本截面的断面图，并表达出完整的信息，包括横断面尺寸以及各类钢筋的信息。

桩基础的平法识读首先要掌握平法规则。规则识读的准确性直接关系到识读结构图的质量。我们需要通过大量的实践去掌握不同桩基础的钢筋翻样，来确定构件中不同钢筋的信息。

桩承台平法识读实践案例见表2-9。桩承台平法识读实践提高见表2-10。

表2-9　桩承台平法识读实践案例

实践要求：

根据给出的CT-5的截面，转换为列表注写方式

桩基础平法施工图：

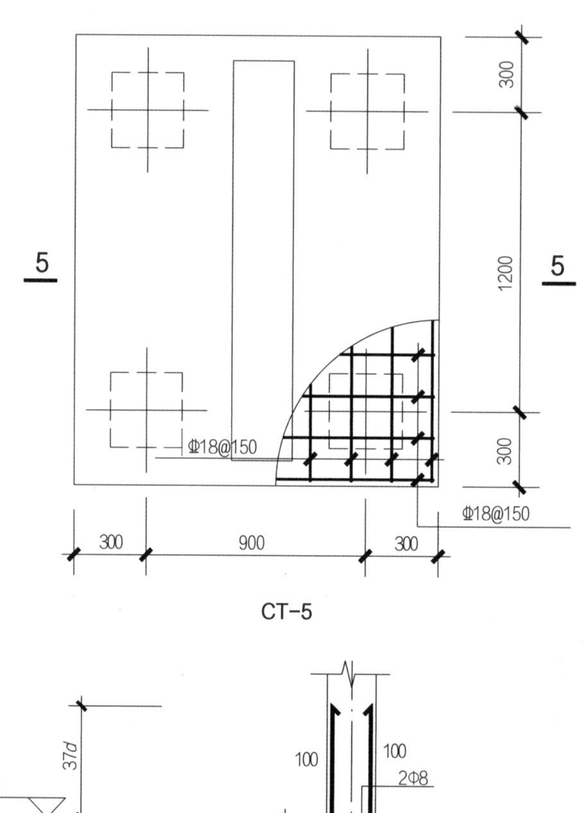

CT-5

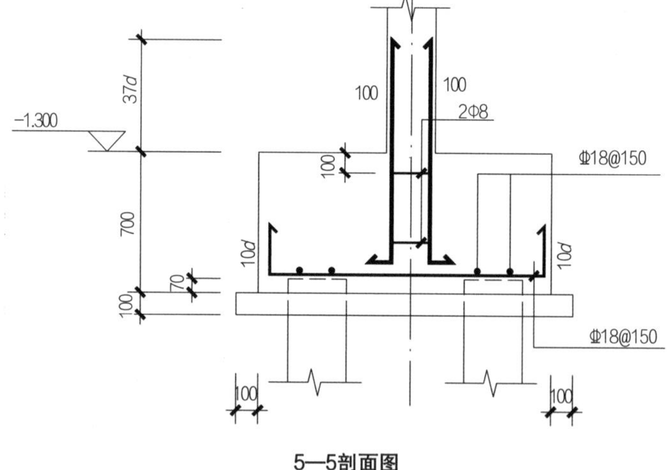

5—5剖面图

案例答案：

编号	截面几何尺寸			底部配筋	
CT-5	x	y	h	X向	Y向
	1500	1800	700	Φ18@150	Φ18@150

表2-10　桩承台平法识读实践提高

桩承台平法施工图的表示方法转换任务卡	
实践任务	根据给出的CT-5的截面，转换为平面注写方式
桩承台平法施工图	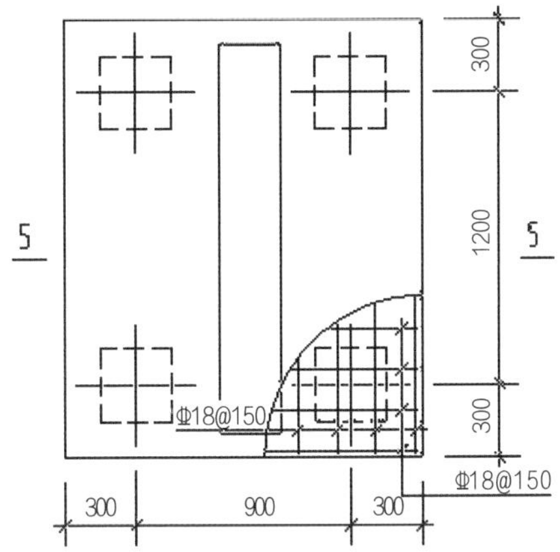 CT-5 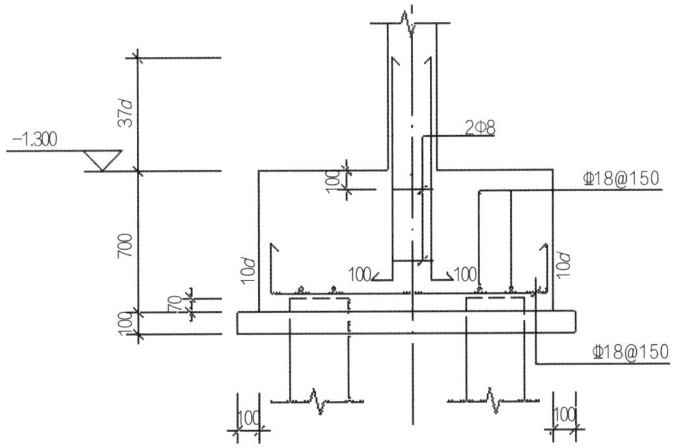 5—5剖面图
平面注写转换	答案解析
错误记录	
知识总结	
自我评价	

2.2.2 基础联系梁平法规则识读

基础联系梁平法施工图设计，是在基础平面布置图上采用平面注写方式的表达，代号为JLL，其余均按《混凝土结构施工图平面整体表示方法制图规则和构造详图（现浇混凝土框架、剪力墙、梁、板）》（22G101-1）中非框架梁的制图规则执行。

注写示例如图2-9所示。

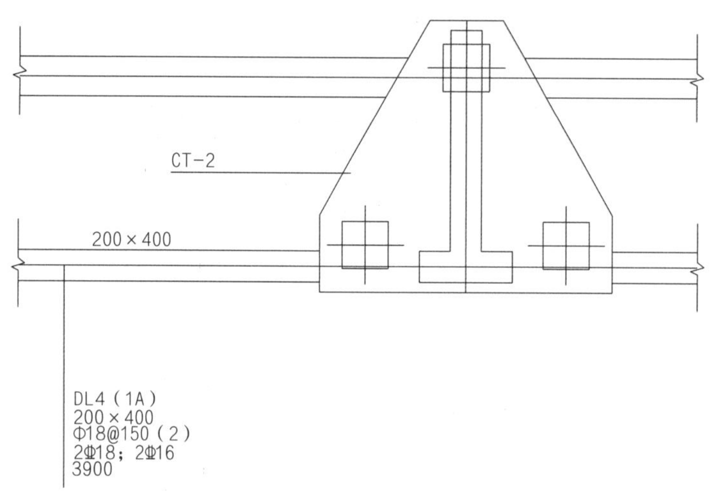

图2-9 注写示例

任务小结

学习本小节任务时要重点、准确地理解基础联系梁的特点；掌握平面注写各项的含义；能够准确绘制出任意位置的断面图，并表达出完整的信息，包括横断面尺寸、纵筋、箍筋以及其他钢筋的信息。

基础联系梁的平法识读首先要掌握平法规则。规则识读的准确性直接关系到识读结构图的质量。我们需要通过大量的实践去掌握不同基础联系梁的钢筋翻样，来确定构件中不同钢筋的信息。

基础联系梁平法识读实践案例见表2-11。基础联系梁平法识读实践提高见表2-12。

表2-11　基础联系梁平法识读实践案例

实践要求： 根据给出的DL-5的信息，转换为截面注写方式
DL-5： 截面尺寸300×600； 箍筋Φ8@200（2）； 上部钢筋2Φ18； 下部钢筋2Φ18； 侧面筋4Φ10； 拉筋Φ8@400； 梁顶标高-0.500m
案例答案： 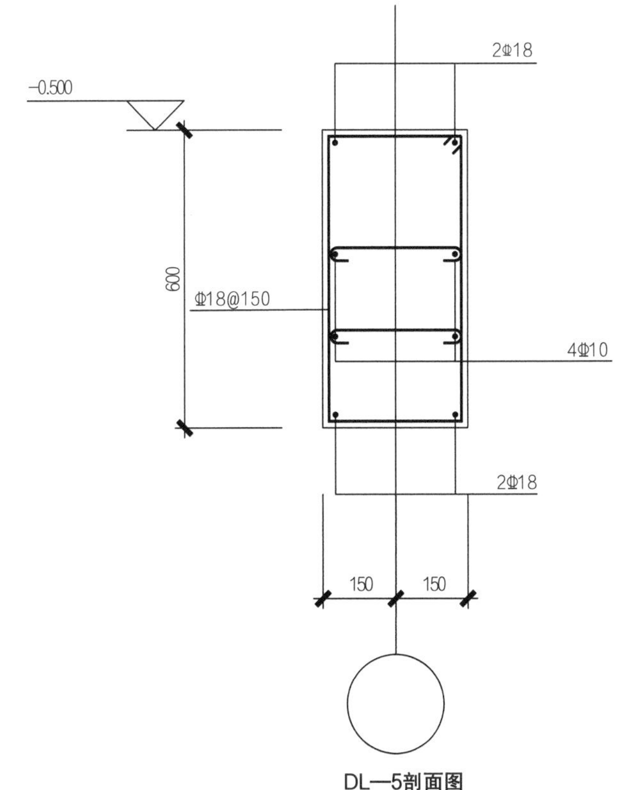 DL—5剖面图

表2-12 基础联系梁平法识读实践提高

基础联系梁截面注写方式转换任务卡	
实践任务	根据给出的DL-1的信息，转换为截面注写方式
工程信息	DL-1： 截面尺寸300×600； 箍筋Φ8@200（2）； 上部钢筋3Φ20； 下部钢筋3Φ20； 侧面筋4Φ12； 拉筋Φ8@400； 梁顶标高-0.700m
横断面绘制	答案解析
错误记录	
知识总结	
自我评价	

2.2.3　桩承台平法构造识读

2.2.3.1　钢筋的分类

桩承台钢筋的分类如图2-10所示。

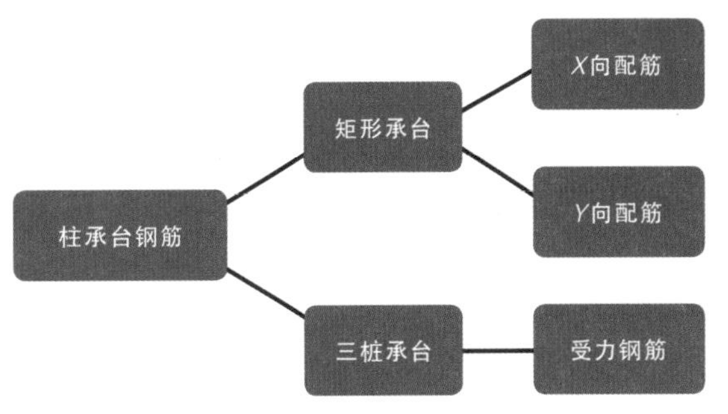

图2-10　桩承台钢筋的分类

2.2.3.2　钢筋构造

三桩承台受力钢筋构造如图2-11所示。受力钢筋构造如图2-12所示。

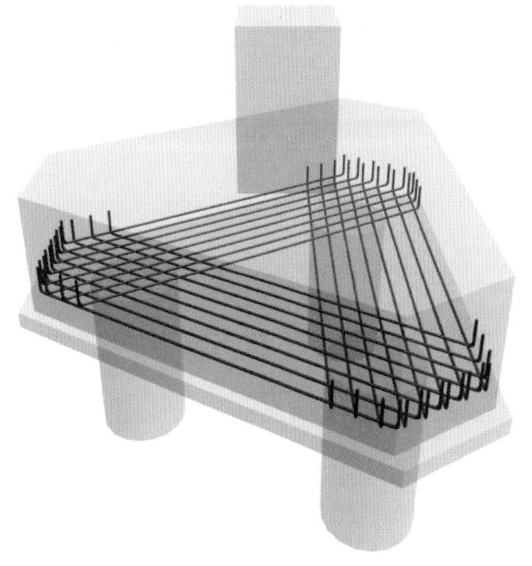

图2-11　三桩承台受力钢筋构造

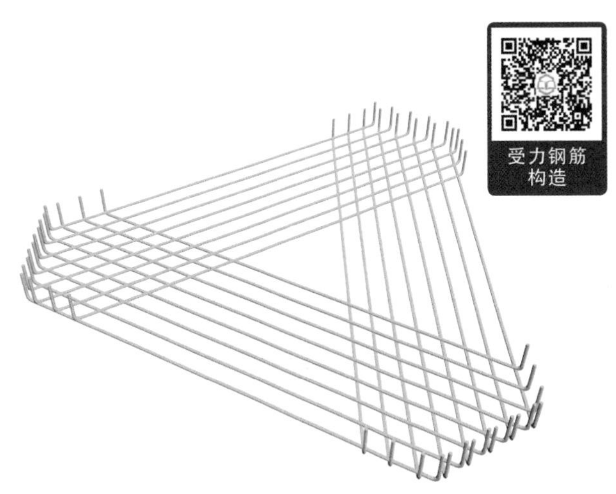

图2-12　受力钢筋构造

任务小结

学习本构造节点时要重点掌握：①当桩径或截面边长<800mm时，桩顶嵌入承台50mm，当桩径或截面边长≥800mm时，桩顶嵌入承台100mm；②受力钢筋伸至承台边缘弯折10*d*，当水平段长度≥35*d*+0.1*D*时可不弯折（本实例为圆桩，*D*为圆桩直径）。

桩基础的平法构造是在掌握平法规则的前提下对钢筋构造的进一步细化。即在明确钢筋级别、直径、位置、数量的基础上进一步确定钢筋的形状。从施工的角度考虑钢筋的排布情况。构造结点识读及选择的准确性对识读结构图及钢筋工程起到非常重要的作用。我们需要通过大量的实践去掌握不同梁的钢筋翻样，来确定构件中不同钢筋的信息。

桩承台构造识读实践案例见表2-13。桩承台构造识读实践提高见表2-14。桩承台构造识读实践拓展见表2-15。

表2-13 桩承台构造识读实践案例

实践要求：

根据给定的梁式配筋承台信息，绘制另一个方向的剖面

平法施工图：

已知：CT—7和7—7剖面信息，绘制（7）—（7）剖面图

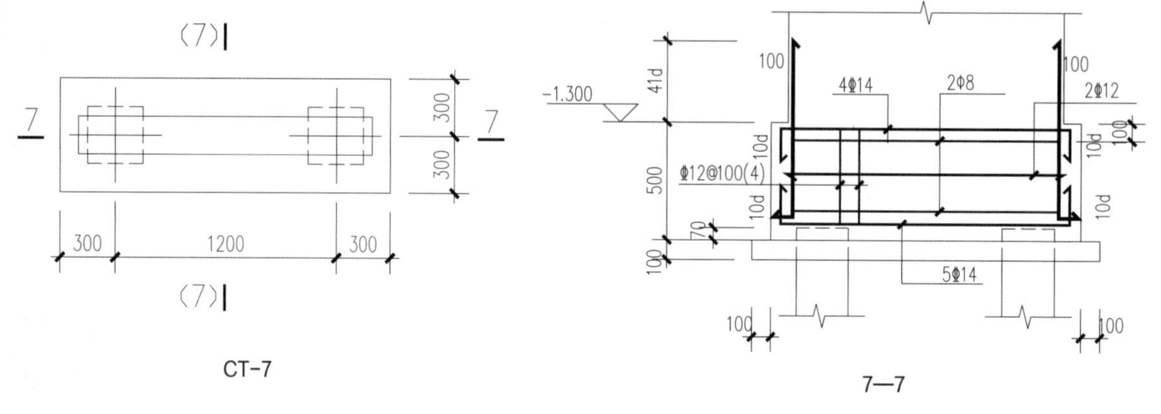

CT-7

7—7

案例答案：

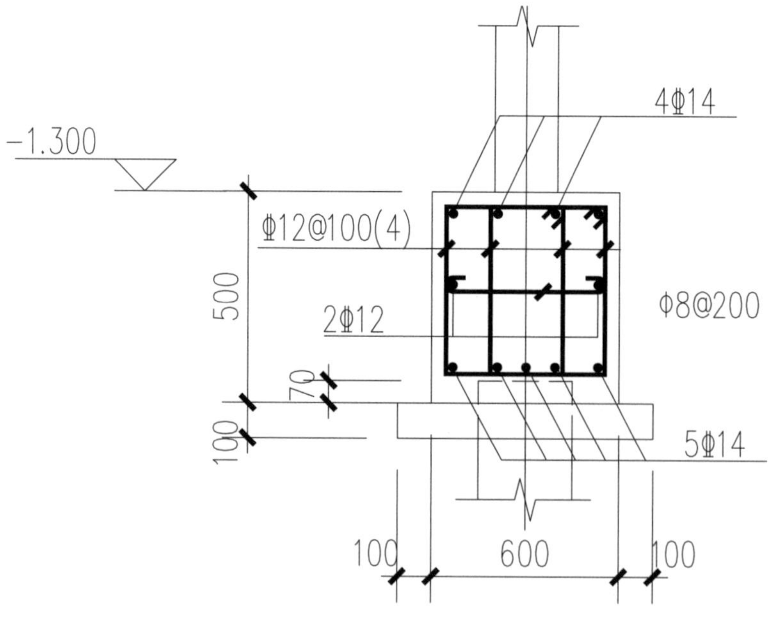

（7）—（7）

表2-14　桩承台构造识读实践提高

<table>
<tr><th colspan="2">梁式配筋承台剖面绘制任务卡</th></tr>
<tr><td>实践任务</td><td>绘制以下梁式配筋承台的剖面图
已知：CT-8和（8）—（8）剖面信息，绘制8—8剖面图</td></tr>
<tr><td>梁式承台施工图</td><td> 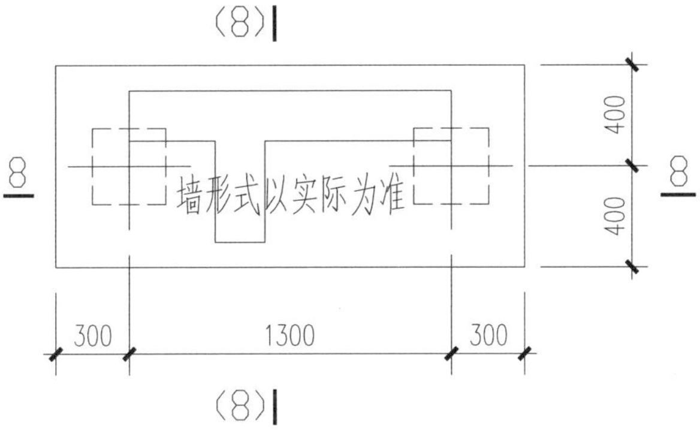(8)
400
400
8
墙形式以实际为准
8
300　1300　300
(8)
CT-8
6Φ16
-1.300
Φ12@100(6)
500
2Φ12
Φ8@200
70
100
8Φ20
100　800　100
（8）—（8）</td></tr>
<tr><td>剖面图绘制</td><td>答案解析</td></tr>
<tr><td>错误记录</td><td></td></tr>
<tr><td>知识总结</td><td></td></tr>
<tr><td>自我评价</td><td></td></tr>
</table>

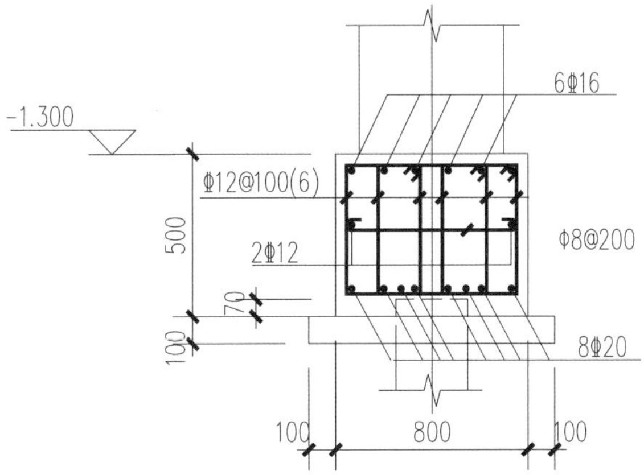

拓展要求：对教师指定图纸中的桩承台基础进行钢筋翻样。

表2-15　桩承台构造识读实践拓展

桩承台钢筋翻样卡				
钢筋名称	钢筋编号	钢筋代号	钢筋数量	钢筋形状及尺寸
受力钢筋				
上部钢筋				
下部钢筋				
箍筋				
侧面筋				
拉筋				
其他钢筋				
长度及根数计算过程				

2.2.4　基础联系梁平法构造识读

2.2.4.1 钢筋的分类

基础联系梁钢筋的分类如图2-13所示。

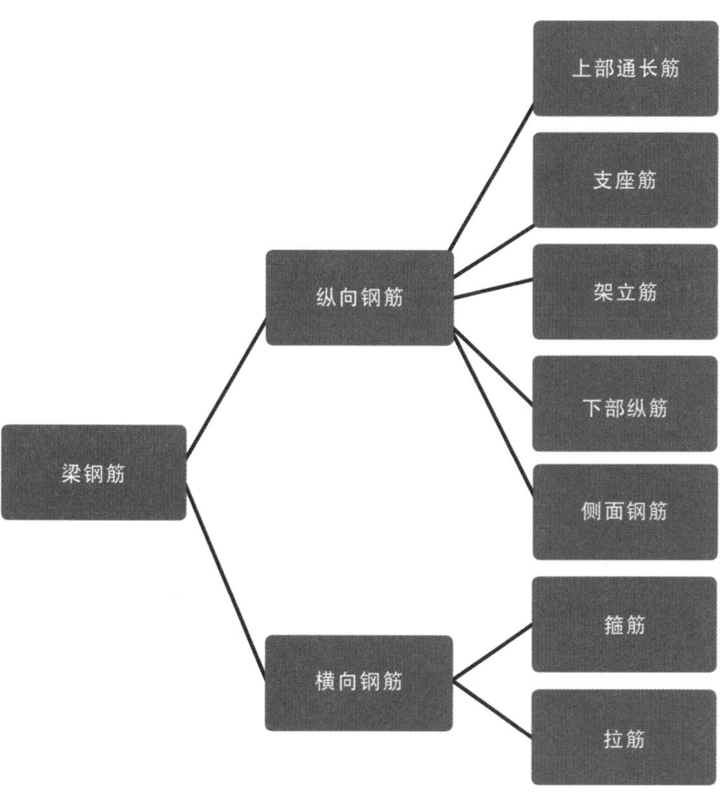

图2-13　基础联系梁钢筋的分类

2.2.4.2 钢筋构造

基础联系梁钢筋构造如图2-14所示。

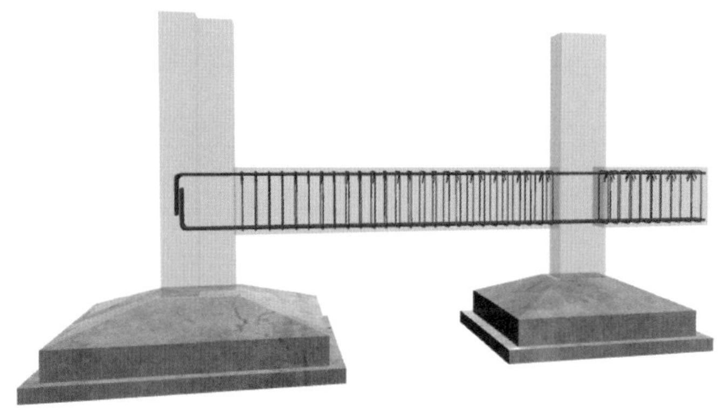

图2-14　基础联系梁钢筋构造

（1）上部纵筋和下部纵筋构造如图2-15所示。

（2）箍筋构造如图2-16所示。

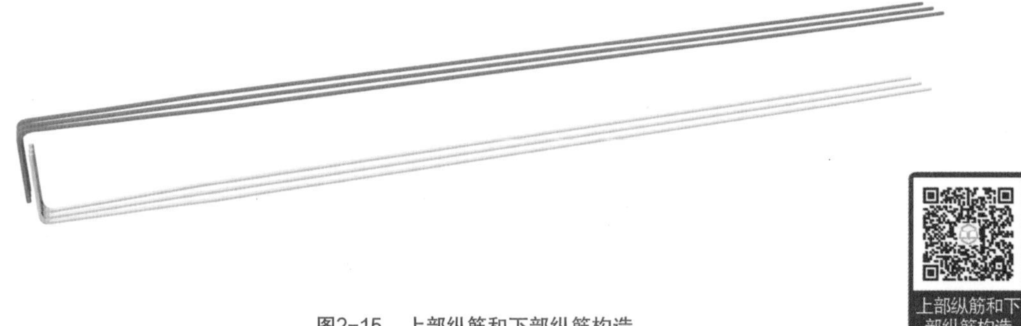

图2-15　上部纵筋和下部纵筋构造

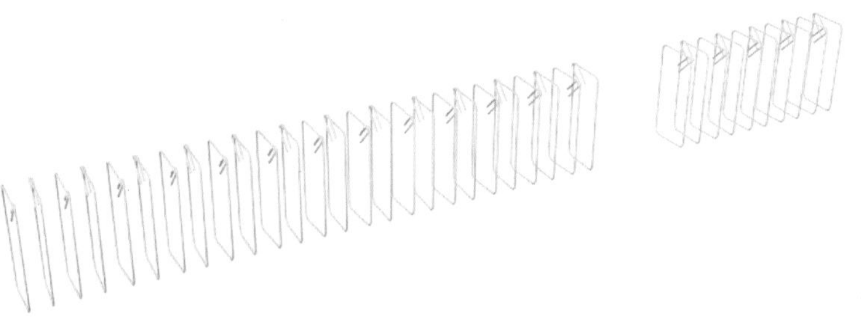

图2-16　箍筋构造

任务小结

学习本构造节点时要重点掌握基础联系梁以柱为支座进行锚固。

基础联系梁的平法构造是在掌握平法规则的前提下对钢筋构造的进一步细化。即在明确钢筋级别、直径、位置、数量的基础上进一步确定钢筋的形状。从施工的角度考虑钢筋的排布情况。构造结点识读及选择的准确性对识读结构图及钢筋工程起到非常重要的作用。我们需要通过大量的实践去掌握不同基础联系梁的钢筋翻样，来确定构件中各类钢筋的形状及长度尺寸信息。

基础联系梁构造识读实践案例见表2-16。基础联系梁构造识读实践提高见表2-17。基础联系梁构造识读实践拓展见表2-18。

表2-16　基础联系梁构造识读实践案例

实践要求：

根据给定的平面信息，绘制基础联系梁的纵向透视图

已知：抗震等级为三级，混凝土强度等级为C30，两侧承台平面尺寸为1800mm×600mm，竖向高度为500mm，桩顶伸入承台高度为70mm，基础联系梁顶部与承台平齐，柱宽为500mm，具体信息如下。

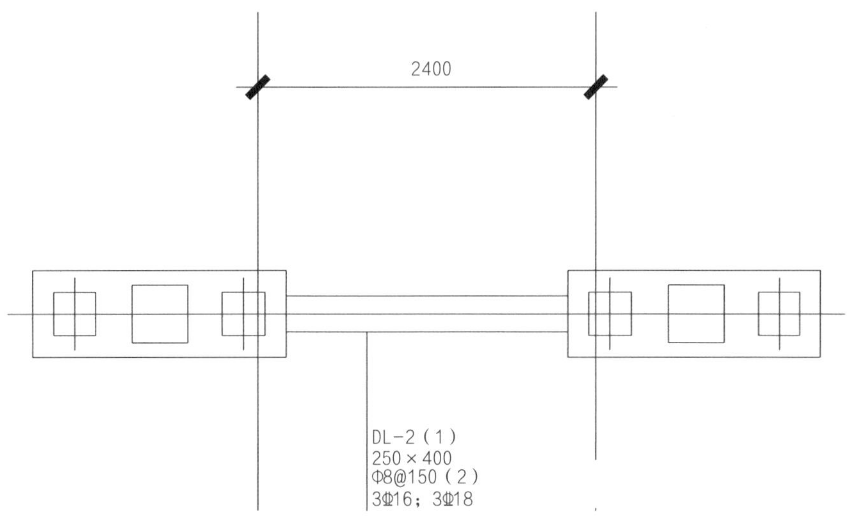

案例答案：

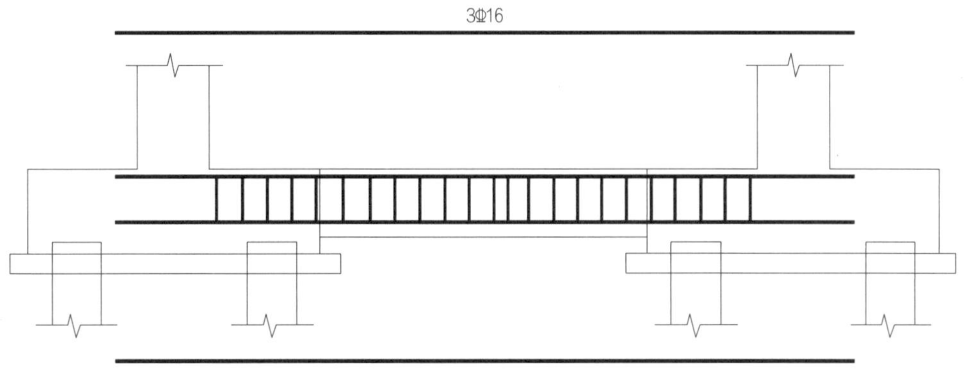

表2-17　基础联系梁构造识读实践提高

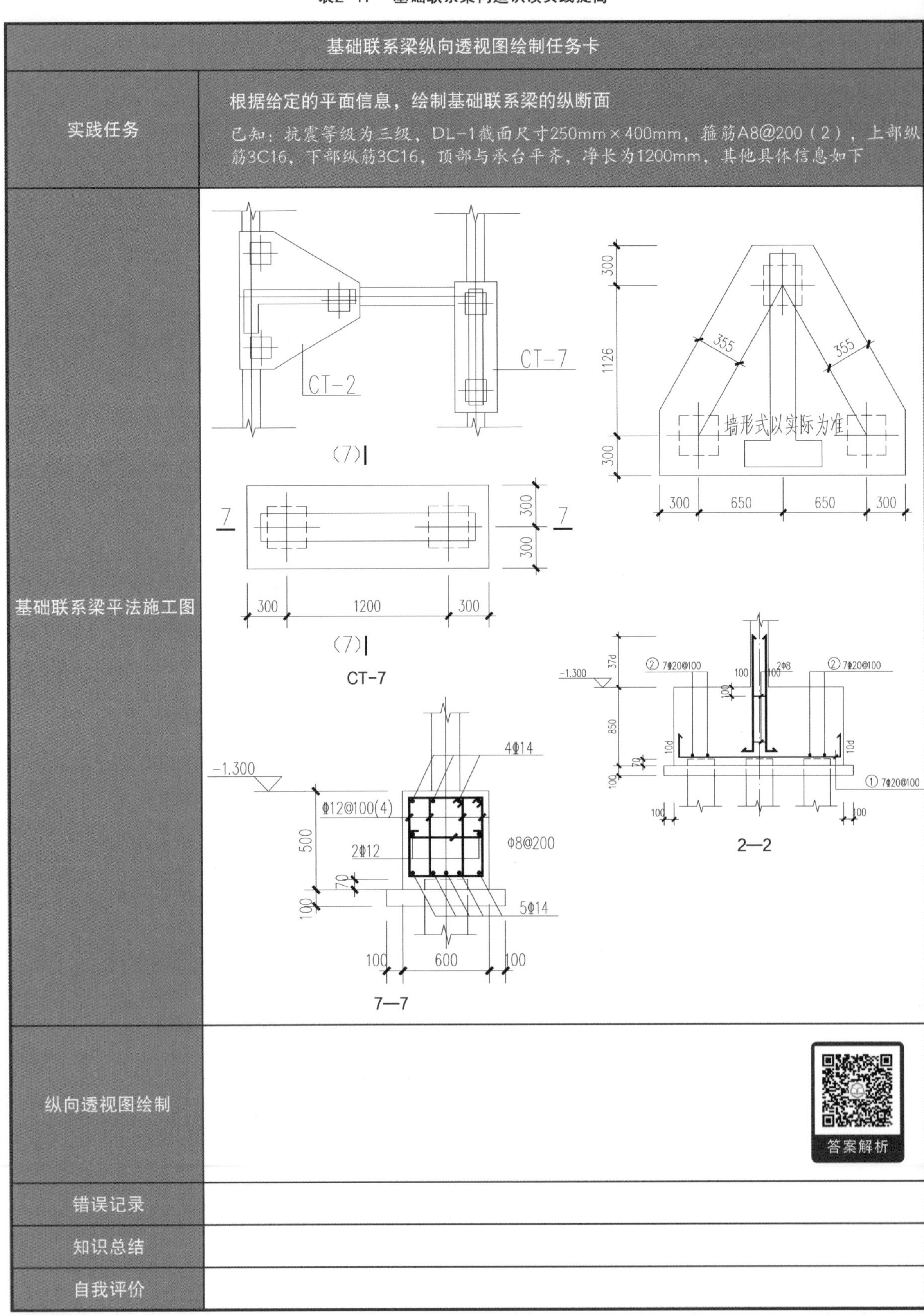

基础联系梁纵向透视图绘制任务卡	
实践任务	根据给定的平面信息，绘制基础联系梁的纵断面 已知：抗震等级为三级，DL-1截面尺寸250mm×400mm，箍筋A8@200（2），上部纵筋3C16，下部纵筋3C16，顶部与承台平齐，净长为1200mm，其他具体信息如下
基础联系梁平法施工图	（图）
纵向透视图绘制	答案解析
错误记录	
知识总结	
自我评价	

精细化翻样实践——对教师指定图纸中的基础联系梁进行钢筋翻样。

表2-18　基础联系梁构造识读实践拓展

基础联系梁钢筋翻样卡				
钢筋名称	钢筋编号	钢筋代号	钢筋数量	钢筋形状及尺寸
上部通长筋				
下部纵筋				
侧面筋				
箍筋				
拉筋				
其他钢筋				
长度及根数计算过程				

知识拓展：条形基础构造识读

（1）条形基础底板钢筋分为受力钢筋和分布钢筋；

（2）分布钢筋距基础边起步距离≤75mm且≤s/2（s为分布钢筋间距）；

（3）有基础梁时，分布钢筋在梁宽范围不设，距基础梁边起步距离≤s/2（s为分布钢筋间距）；

（4）交接条形基础底板构造和无交接底板端部构造，分布钢筋与受力钢筋搭接150mm。

任务2.3

平板式筏板基础变截面部位板顶板底均有高差钢筋构造绑扎实操

（1）任务描述。根据相关任务要求及操作流程，对平板式筏板基础变截面部位板顶、板底均有高差钢筋构造（图2-17）进行平法应用技能实操。

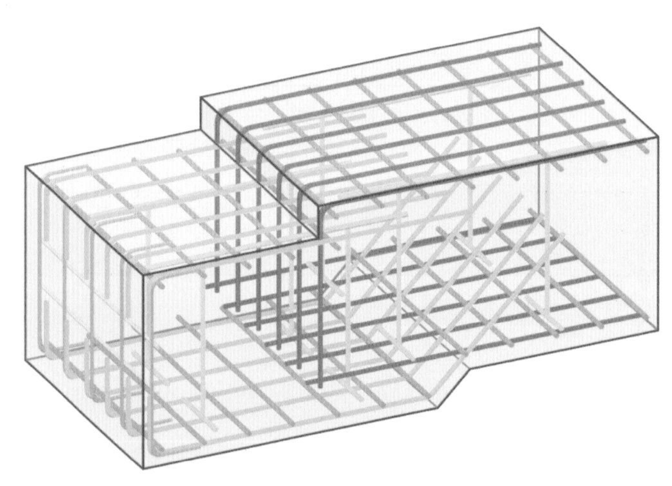

图2-17　高差钢筋构造

（2）任务流程。任务实操流程见图2-18。

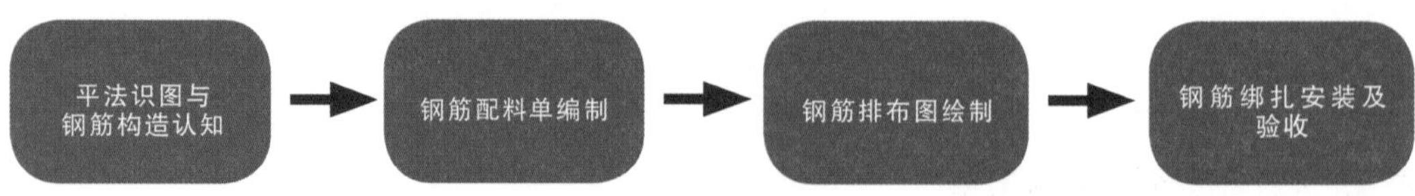

图2-18　任务实操流程

（3）任务知识点总结。通过对平板式筏板基础变截面节点的识图、钢筋工程量计算、配料单编制、方案编制、排布图绘制、钢筋绑扎安装等子任务的实施，加深对筏板基础的钢筋构造理解，并掌握绑扣及间距控制等绑扎要点，锻炼钢筋施工管理技能。

项目3

框架结构主体识读

项目概述

框架结构是最常见的钢筋混凝土结构体系。结构施工图的复杂程度也与工程的难易程度有关。但基本的组成构件就是梁、板、柱、梯。在学习框架结构工程施工图时，依据图集和规范对针对实际项目中的基本构件进行归类及精细讲解，并且示范绘制翻样图，并能够填写翻样卡。

思政案例——定期做好房屋检测很有必要，未雨绸缪不是坏事

在2021年10月16日，广东省东莞市发生一件房屋悬挑板坍塌掉落事件，如图3-1所示。所幸的是由于事发时是凌晨3点钟左右，因此并无人员伤亡。在此栋楼以及附近居住的居民称，巨大的响声把他们从睡梦中惊醒，还有一些居民还以为是地震了，起床查看结果发现是一块悬挑板掉落在地上。可以想象一块几百斤重的悬挑板在29楼大约80m的高度坠落，如果事发是时间是在流动人员较多白天，那么后果将不堪设想。更为之震惊的是，该楼房仅仅交付不到两年。

图3-1　广东东莞悬挑板坍塌现场

从楼房掉下的悬挑板直接砸向地面，由于悬挑板大概重几百斤，并且是从29楼高空坠落下来，因此把该小区的地下停车场的楼板直接砸穿了，由此可见该冲击力以及危险性是有多高。如果之前可以及时进行全面的房屋检测，并且早日发现异常并进行加固处理，那么就不会导致此次安全隐患事件的发生。这次事件提醒我们，定期做好房屋检测很有必要，未雨绸缪不是坏事。

任务3.1

梁结构施工图识读

任务目标

知识目标：掌握钢筋混凝土梁平法施工图知识；掌握梁平法表达方法知识；掌握钢筋混凝土梁的构造规定，上部通筋、上部支座筋、下部通筋、侧面筋、箍筋等钢筋的级别、直径、数量、形状、尺寸确定的基本知识。

技能目标：具备识读各种钢筋混凝土梁平法施工图的能力，以及绘制平法梁横断面和纵钢筋透视图、填制钢筋翻样卡的能力。

思政目标：培养学生遇到问题善于思考，灵活应用专业知识，精准细致的专业态度；

问题引导

制图规则：

① 钢筋混凝土框架梁有哪些种类？各自的编号是什么？

② 钢筋混凝土框架梁有哪几种注写的方式？

③ 在绘制钢筋混凝土框架梁任意横断面图和纵向透视图时需要哪些信息？

构造详图：

① 楼层框架梁上部钢筋有哪几种锚固方式？

② 非框架梁与楼层框架梁钢筋构造有哪些区别？

梁的分类

3.1.1　梁平法规则识读

3.1.1.1 梁的类型

梁分为楼层框架梁、楼层框架扁梁、屋面框架梁、框支梁、托柱转换梁、非框架梁、悬挑梁和井字梁，具体见表3-1。

表3-1　梁的类型

梁类型	代号	序号	跨数及是否带悬挑
楼层框架梁	KL	××	(××)、(××A)或(××B)
楼层框架扁梁	KBL	××	
屋面框架梁	WKL	××	
框支梁	KZL	××	
托柱转换梁	TZL	××	
非框架梁	L	××	
悬挑梁	XL	××	
井字梁	JZL	××	

3.1.1.2 梁平法施工图的表示方法

梁平法施工图的表示方法（图3-2），可采用平面注写方式或截面注写方式。

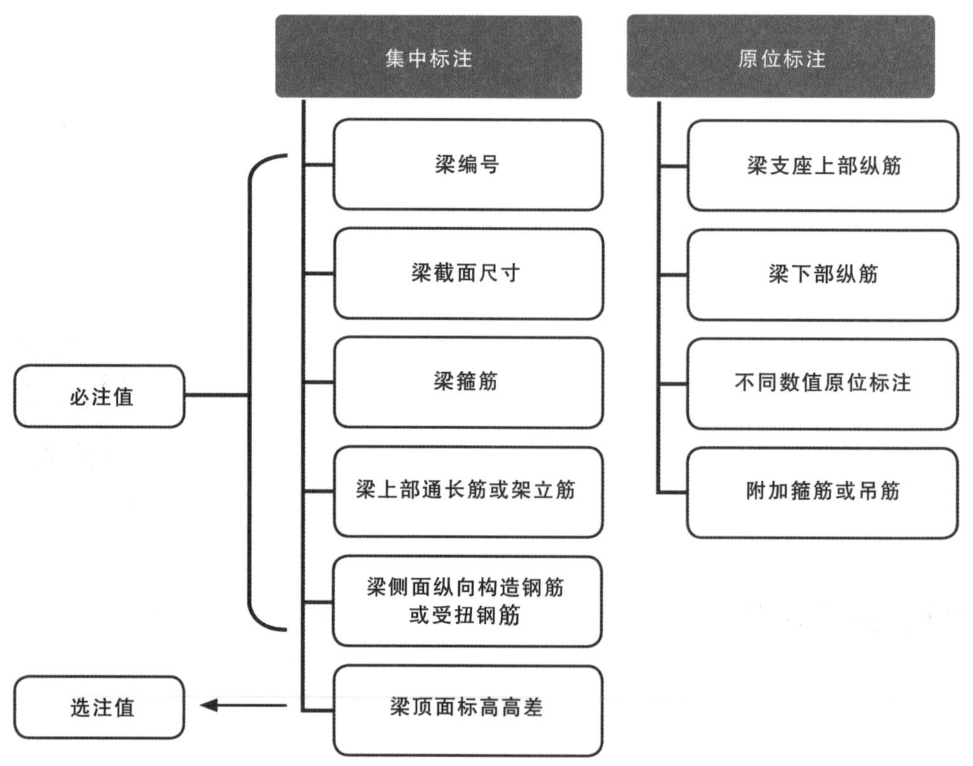

图3-2　梁平法施工图的表示方法

集中标注示例如图3-3所示。

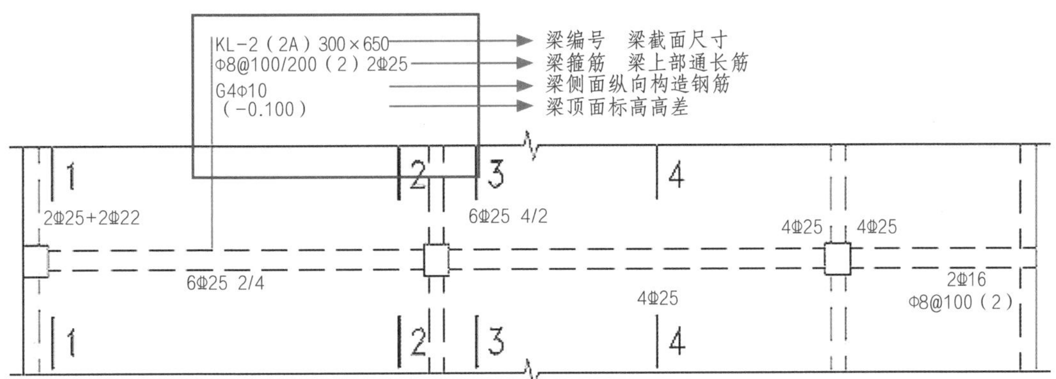

图3-3 集中标注示例

梁原位标注示例如图3-4所示。

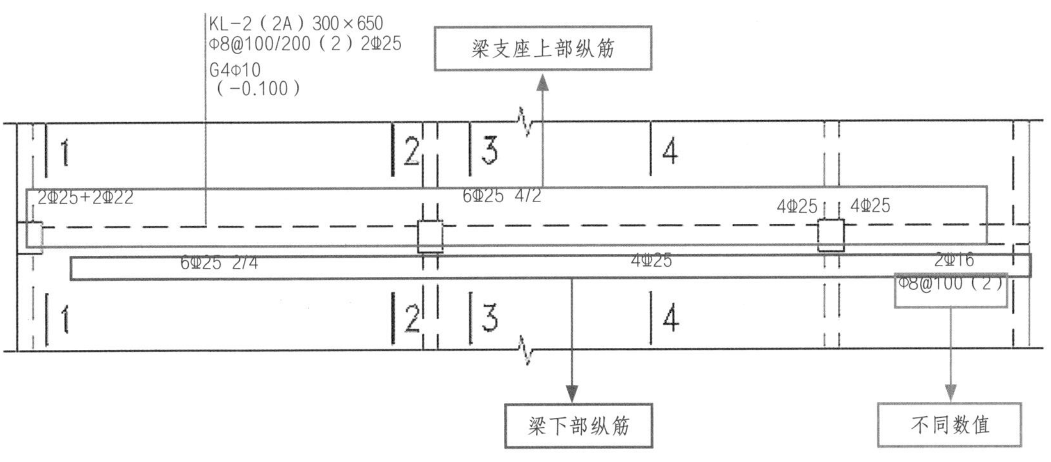

图3-4 梁原位标注示例

任务小结

学习本小节任务时要重点、准确地理解平法原理；掌握梁的集中标注和原位标注各项值的含义；通过学习能准确绘制任意位置的断面图，并表达出完整的信息，包括截面尺寸$B×H$、上部通筋、下部通筋、中间支座筋（多层）、边支座负筋（多层）、腰筋（构造筋、扭筋）、箍筋、拉筋以及其他钢筋的位置、级别、直径、数量。梁的平法识读首先要掌握平法规则。规则识读的准确性直接关系到识读结构图的质量。我们需要通过大量的实践去掌握不同梁的钢筋翻样，来确定构件中不同钢筋的信息。

梁平法识读实践案例见表3-2。梁平法识读实践提高见表3-3。

表3-2 梁平法识读实践案例

实践要求：

根据给出的梁平法施工图，绘制KL-2的1—1、2—2、3—3、4—4的横断面图

梁平法施工图：

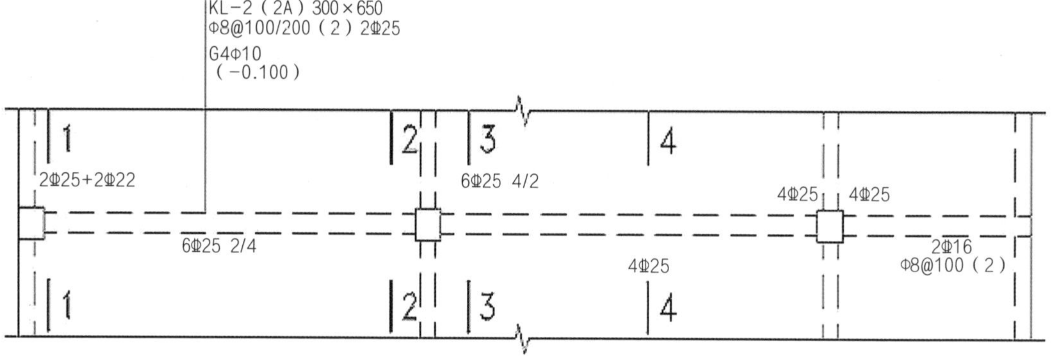

案例答案：

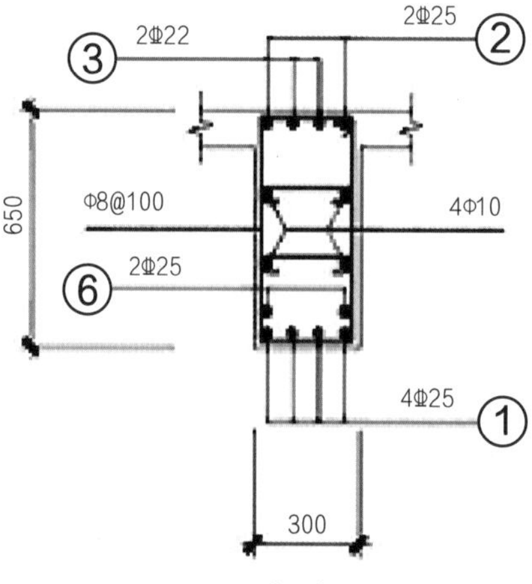

③ 2Φ22
2Φ25 ②
650
Φ8@100
4Φ10
⑥ 2Φ25
4Φ25 ①
300

1—1

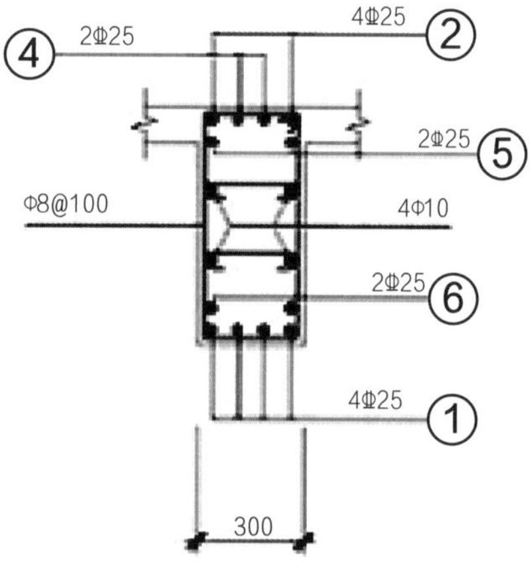

④ 2Φ25
4Φ25 ②
2Φ25 ⑤
Φ8@100
4Φ10
2Φ25 ⑥
4Φ25 ①
300

2—2

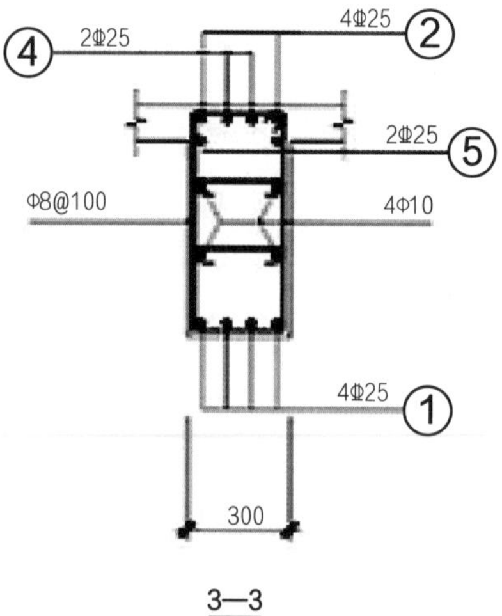

④ 2Φ25
4Φ25 ②
2Φ25 ⑤
Φ8@100
4Φ10
4Φ25 ①
300

3—3

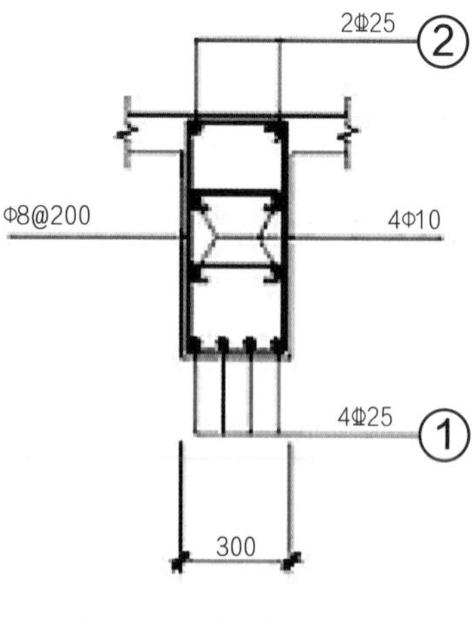

2Φ25 ②
Φ8@200
4Φ10
4Φ25 ①
300

4—4

答案解析

表3-3　梁平法识读实践提高

梁钢筋横断面绘制任务卡	
实践任务	根据给出的梁平法施工图，绘制KL-1的1—1、2—2的横断面图
梁平法施工图	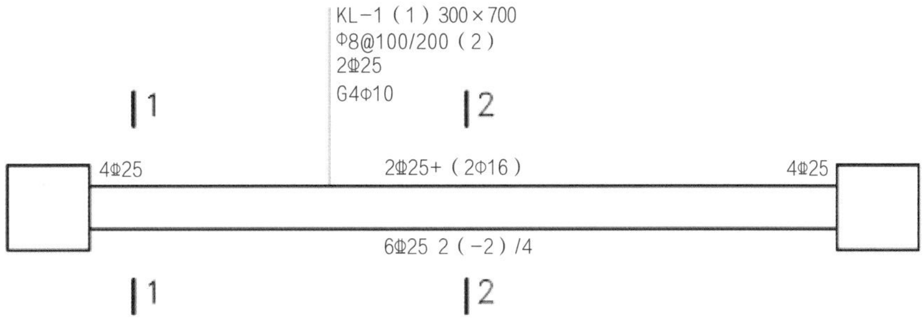 KL-1（1）300×700 Φ8@100/200（2） 2Φ25 G4Φ10 1　2 4Φ25　2Φ25+（2Φ16）　4Φ25 6Φ25 2（-2）/4 1　2
横断面绘制	答案解析
错误记录	
知识总结	
自我评价	

3.1.2 楼层框架梁平法构造识读

3.1.2.1 钢筋的分类

楼层框架梁钢筋的分类如图3-5所示。

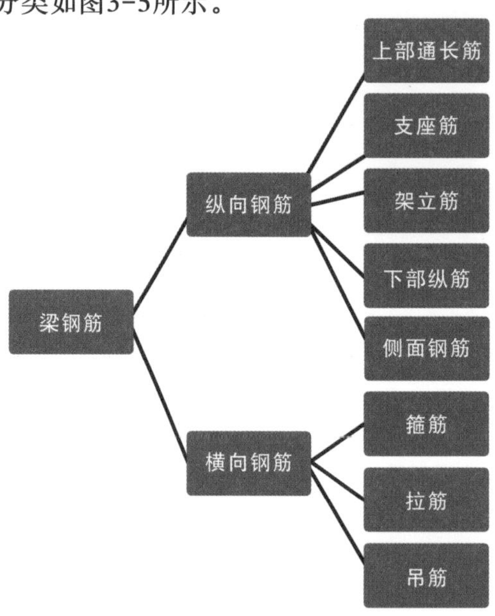

图3-5 楼层框架梁钢筋的分类

3.1.2.2 钢筋构造

楼层框架梁的钢筋构造如图3-6所示。

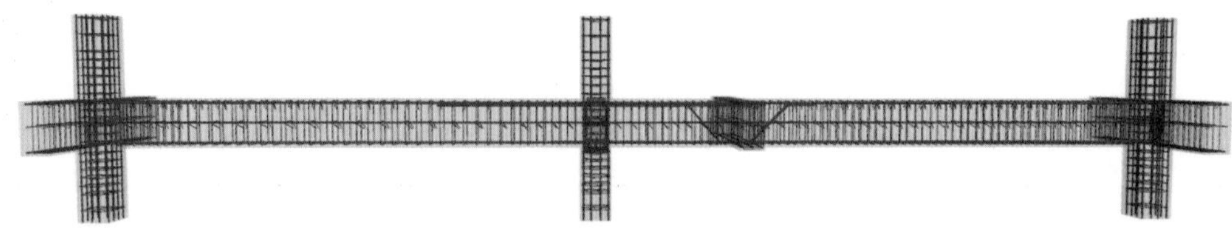

图3-6 楼层框架梁的钢筋构造

上部筋构造如图3-7所示。

侧面筋和下部纵筋构造如图3-8所示。

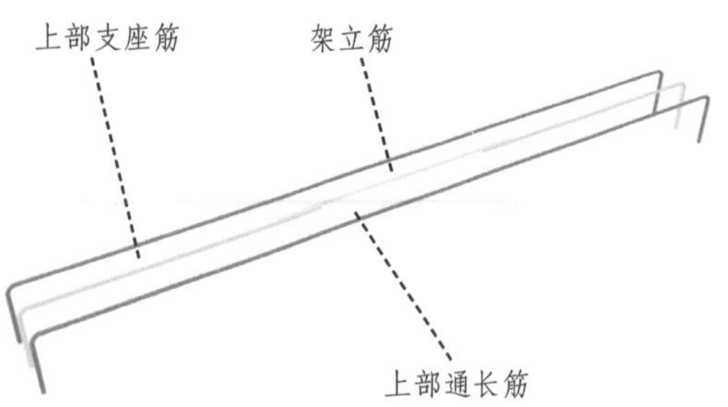

图3-7 上部筋构造

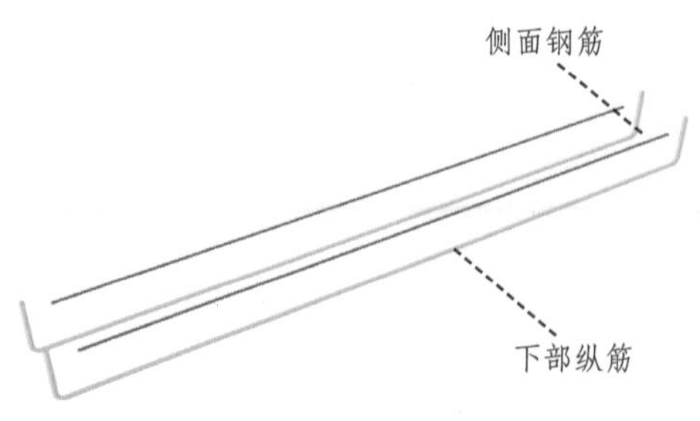

图3-8 侧面筋和下部纵筋构造

箍筋、拉筋和吊筋构造如图3-9所示。

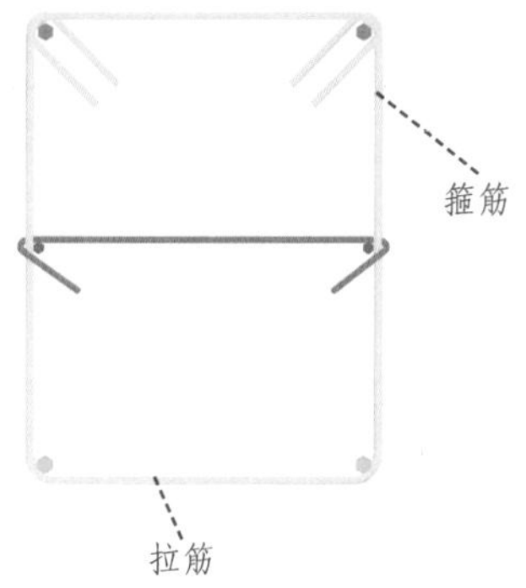

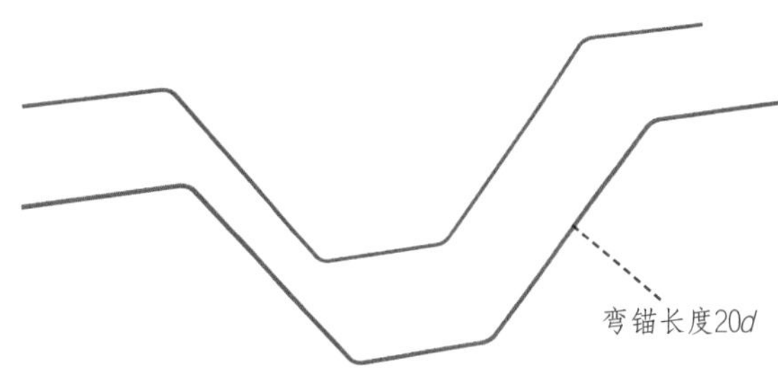

图3-9　箍筋、拉筋和吊筋构造

任务小结

学习本构造节点时要重点掌握边支座直锚弯锚的概念（l_{ae}）以及计算方法；支座负筋钢筋二层截断的参数$1/3l_n$和$1/4l_n$的区别；不同直径通筋搭接长度l_{lE}；架立筋搭接长度参数150mm，构造腰筋和抗扭腰筋在锚固不同、变截面处钢筋锚固收头的原理。最终确定出钢筋的形状以及长度。

梁的平法构造是以平法规则为前提，通过钢筋构造节点表达钢筋形状及长度尺寸的一种展示。即在明确钢筋级别、直径、位置、数量的基础上进一步确定钢筋的形状以及尺寸，并从施工的角度考虑钢筋的排布情况。构造结点识读及选择的准确性对识读结构图及钢筋工程起到非常重要的作用。我们需要通过大量的梁钢筋纵向透视图翻样实践，来确定构件中不同钢筋的信息。

楼层框架梁构造识读实践案例见表3-4。楼层框架梁构造识读实践提高见表3-5。楼层框架梁构造识读实践拓展见表3-6。

表3-4　楼层框架梁构造识读实践案例

实践要求：

根据给出的梁平法施工图，绘制1KL-2的纵向透视图

梁平法施工图：

已知：抗震等级为二级，混凝土强度等级为C20，其他信息见下图

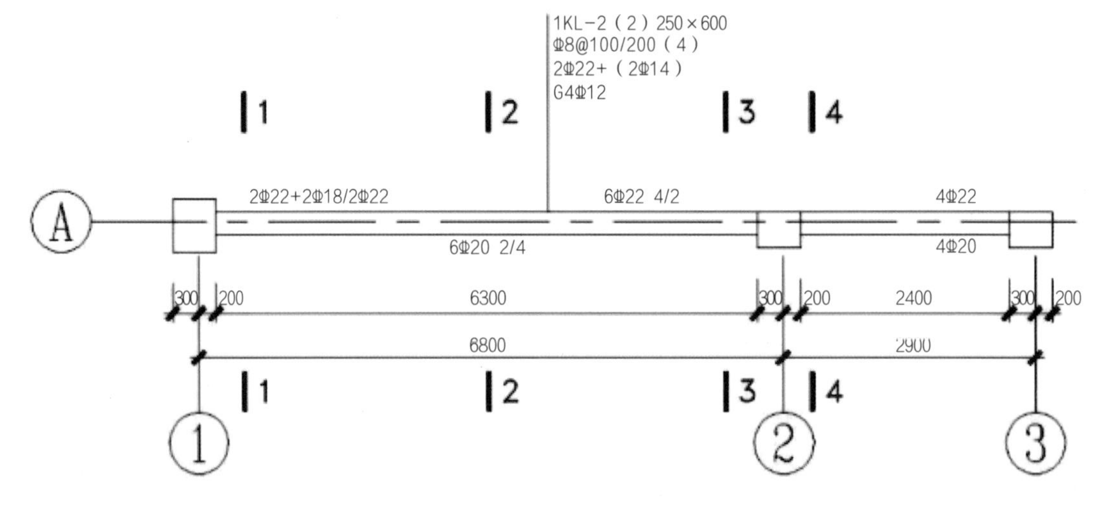

案例答案：

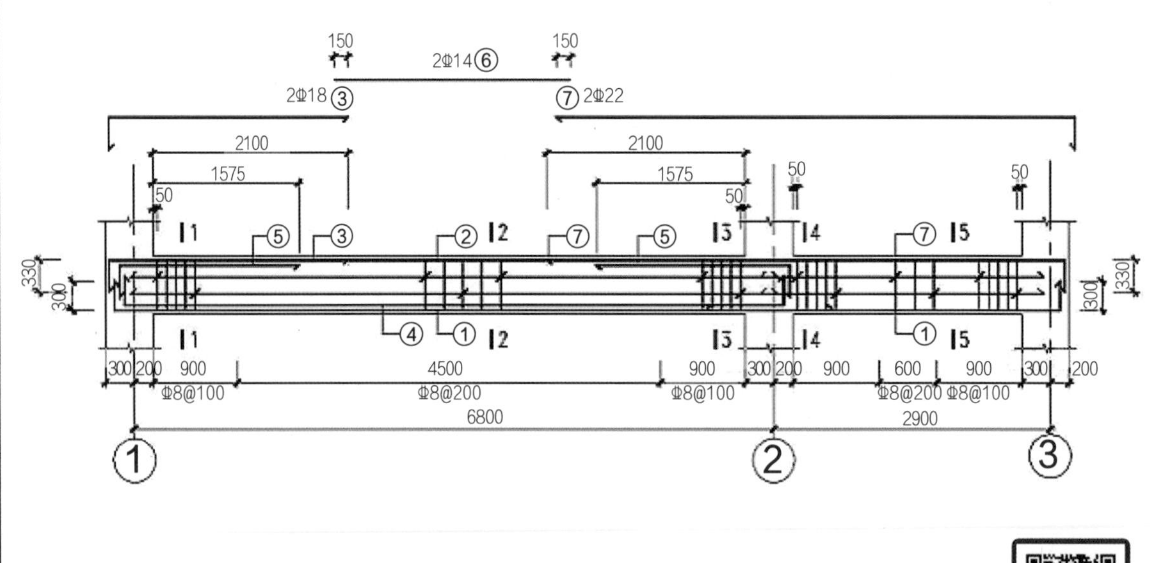

答案解析

表3-5　楼层框架梁构造识读实践提高

梁钢筋横断面绘制任务卡	
实践任务	根据给出的梁平法施工图，绘制KL-1的纵向透视图 已知：抗震等级为三级，混凝土强度等级为C30，其余信息见下图
梁平法施工图	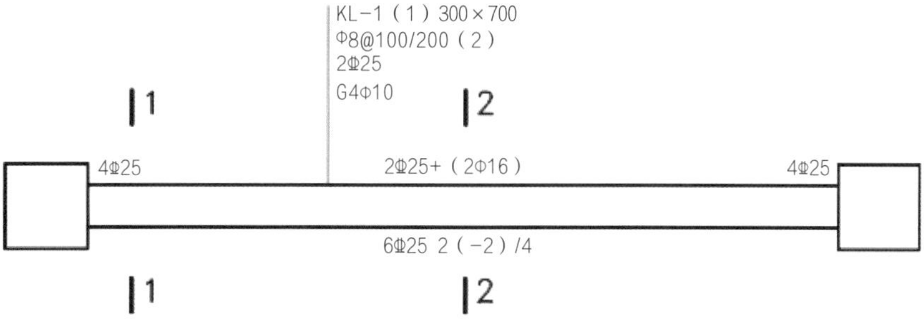 KL-1（1）300×700 Φ8@100/200（2） 2Φ25 G4Φ10 1　2 4Φ25　2Φ25+（2Φ16）　4Φ25 6Φ25 2（-2）/4 1　2
纵向透视图绘制	答案解析
错误记录	
知识总结	
自我评价	

拓展要求：对教师指定图纸中的梁进行钢筋翻样。

表3-6 楼层框架梁构造识读实践拓展

楼层框架梁钢筋翻样卡				
钢筋名称	钢筋编号	钢筋代号	钢筋数量	钢筋形状及尺寸
上部通筋				
架立筋				
不同直径通筋				
边支座负筋第一层				
边支座负筋第二层（若有）				
中间支座负筋第一层				
中间支座负筋第二层（若有）				
悬挑梁上部筋				
悬挑梁上部筋第二层（若有）				
其他钢筋				
长度及根数计算过程				

3.1.3　屋面框架梁平法构造识读

屋面框架梁钢筋构造如图3-10所示。

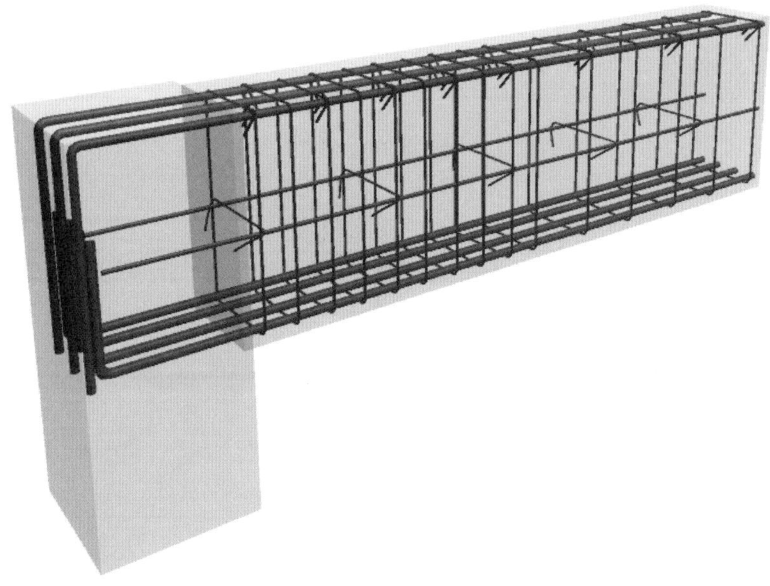

图3-10　屋面框架梁钢筋构造

上部纵筋端支座锚固构造如图3-11所示。

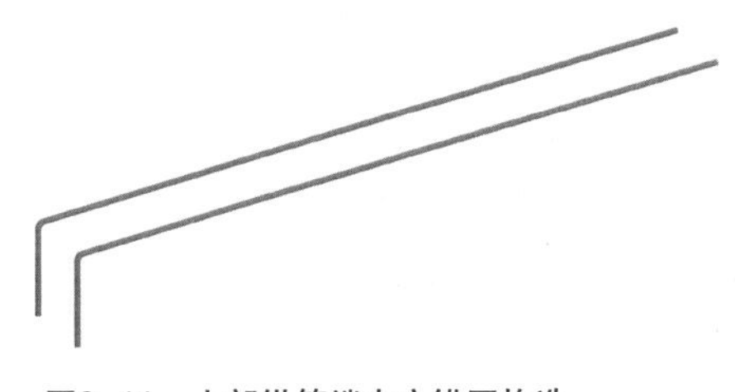

图3-11　上部纵筋端支座锚固构造

任务小结

学习本构造节点时要重点掌握边支座锚固的方式以及计算方法。

屋面框架梁构造识读实践案例见表3-7。屋面框架梁构造识读实践提高见表3-8。屋面框架梁构造识读实践拓展见表3-9。

表3-7 屋面框架梁构造识读实践案例

实践要求：

根据给出的梁平法施工图，绘制1—1、2—2、3—3、4—4的横断面图及梁的纵向透视图

梁平法施工图：

已知：抗震等级为二级，混凝土强度等级为C30，轴线左右按照各2000mm截断考虑，其他信息见下图

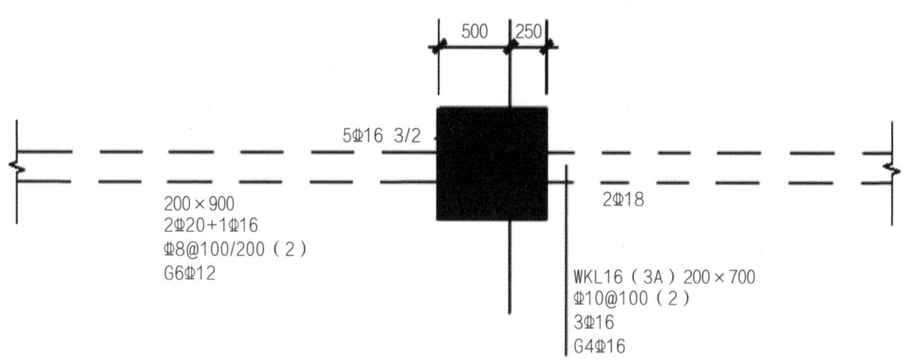

案例答案：

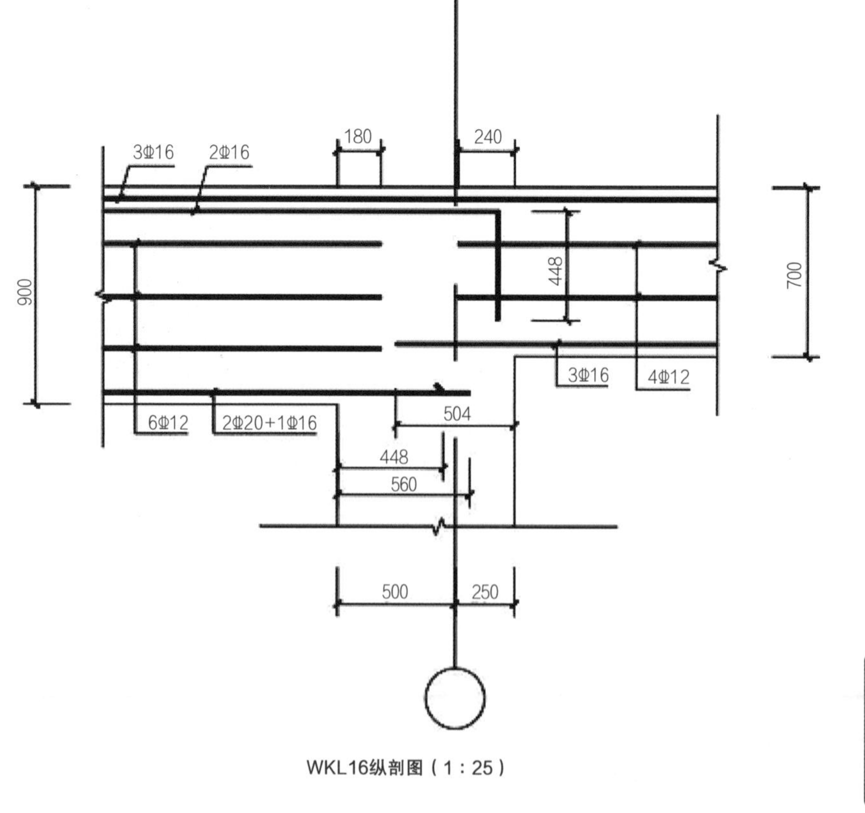

WKL16纵剖图（1：25）

答案解析

表3-8 屋面框架梁构造识读实践提高

<table>
<tr><th colspan="2">梁钢筋纵向透视图绘制任务卡</th></tr>
<tr><td>实践任务</td><td>绘制以下梁的纵向透视图
已知：抗震等级为二级，混凝土强度等级为C30，轴线左右按照各1000mm截断考虑，其他信息见下图</td></tr>
<tr><td>梁平法施工图</td><td> 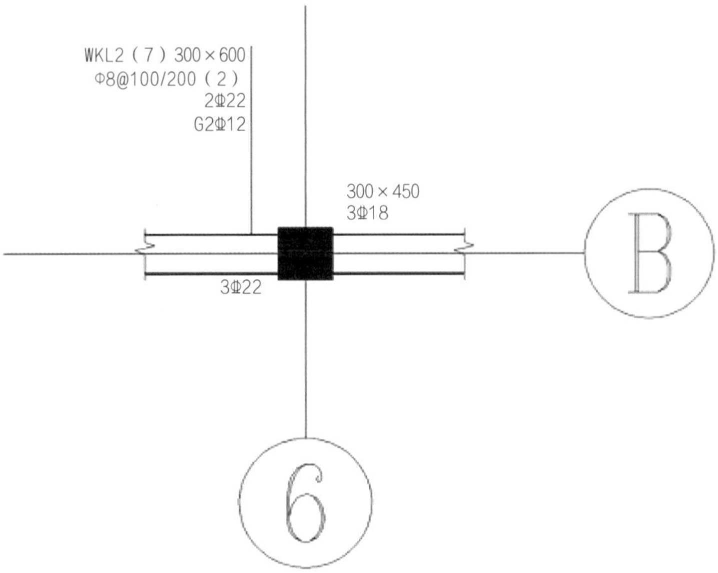WKL2（7）300×600
Φ8@100/200（2）
2Φ22
G2Φ12
300×450
3Φ18
3Φ22
B
6</td></tr>
<tr><td>纵向透视图绘制</td><td>答案解析</td></tr>
<tr><td>错误记录</td><td></td></tr>
<tr><td>知识总结</td><td></td></tr>
<tr><td>自我评价</td><td></td></tr>
</table>

拓展要求：对教师指定图纸中的梁进行钢筋翻样。

表3-9 屋面框架梁构造识读实践拓展

屋面框架梁钢筋翻样卡				
钢筋名称	钢筋编号	钢筋代号	钢筋数量	钢筋形状及尺寸
上部通长筋				
架立筋				
不同直径通筋				
边支座负筋第一层				
边支座负筋第二层（若有）				
中间支座负筋第一层				
中间支座负筋第二层（若有）				
悬挑梁上部筋				
悬挑梁上部筋第二层（若有）				
其他钢筋				
长度及根数计算过程				

3.1.4　非框架梁平法构造识读

非框架梁钢筋构造如图3-12所示。

图3-12　非框架梁钢筋构造

上部非通长纵筋端支座锚固构造如图3-13所示。

图3-13　上部非通长纵筋端支座锚固构造

下部纵筋构造如图3-14所示。

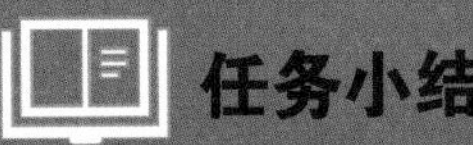

图3-14　下部纵筋构造

上部非通长纵筋构造

下部纵筋构造

任务小结

学习本构造节点时要重点掌握下部纵筋的锚固方式；支座上部钢筋不同形式的区别。

非框架梁构造识读实践案例见表3-10。非框架梁构造识读实践提高见表3-11。非框架梁构造识读实践拓展见表3-12。

表3-10　非框架梁构造识读实践案例

实践要求：

根据给出的梁平法施工图，绘制1—1、2—2的横断面图及梁的纵向透视图

梁平法施工图：

已知：抗震等级为二级，混凝土强度等级为C30，其他信息见下图

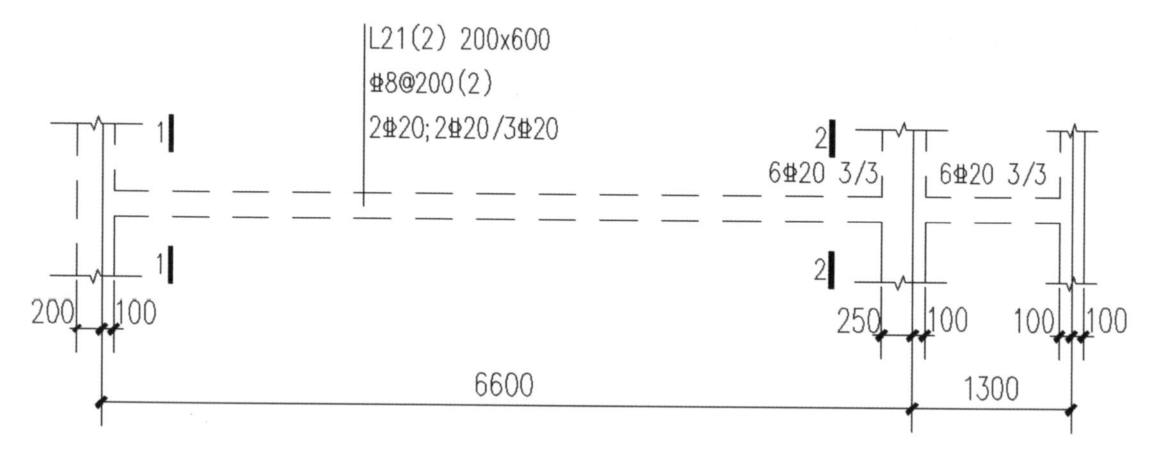

案例答案：

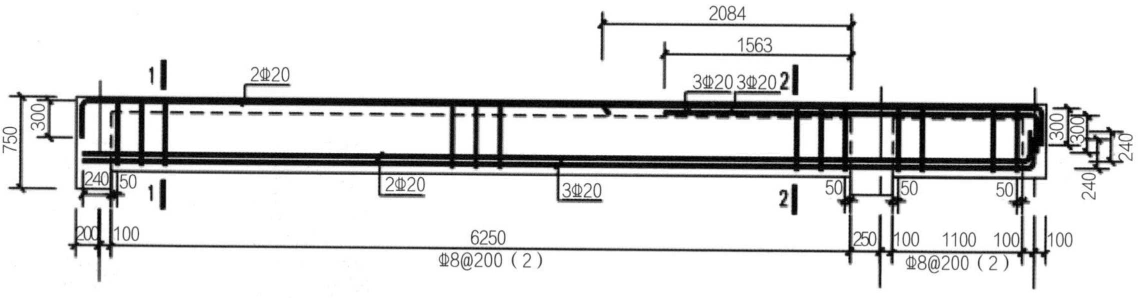

L21纵剖配筋图 1：50

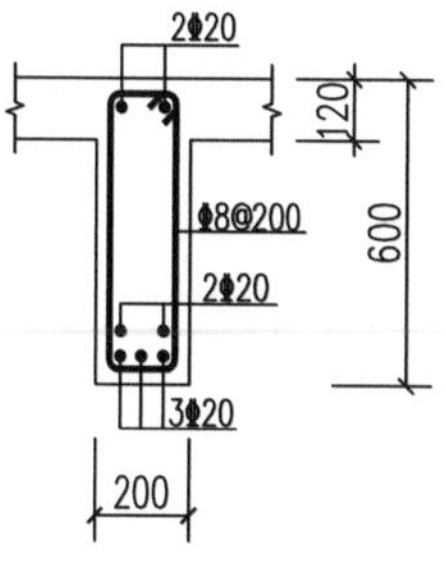

1—1 1：25

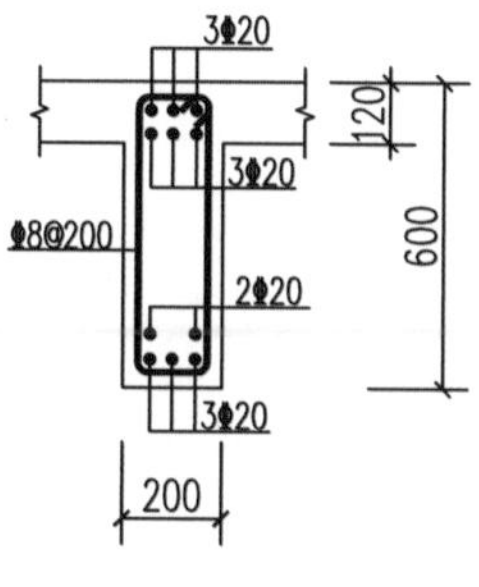

2—2 1：25

答案解析

表3-11　非框架梁构造识读实践提高

<table>
<tr><th colspan="2">梁钢筋纵向透视图绘制任务卡</th></tr>
<tr><td>实践任务</td><td>绘制以下梁的纵向透视图
已知：抗震等级为二级，混凝土强度等级为C30，主梁宽为300mm，轴线居中，轴线尺寸如下图（设计按充分利用钢筋的抗拉强度考虑）</td></tr>
<tr><td>梁平法施工图</td><td> 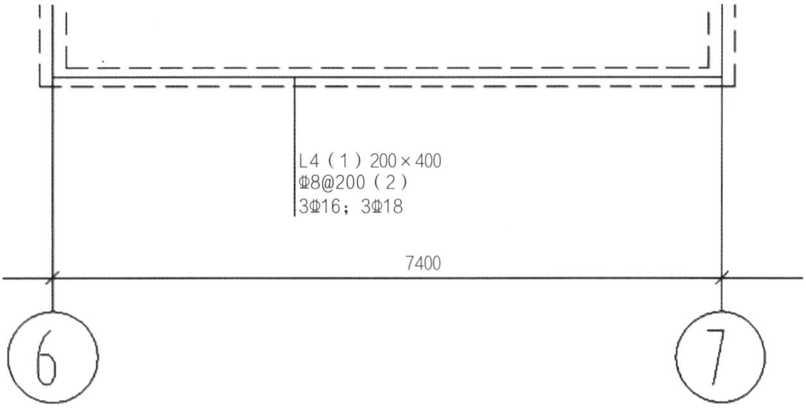L4（1）200×400
Φ8@200（2）
3Φ16；3Φ18
7400
6　7</td></tr>
<tr><td>纵向透视图绘制</td><td>答案解析</td></tr>
<tr><td>错误记录</td><td></td></tr>
<tr><td>知识总结</td><td></td></tr>
<tr><td>自我评价</td><td></td></tr>
</table>

拓展要求：对教师指定图纸中的非框架梁进行钢筋翻样。

表3-12　非框架梁构造识读实践拓展

非框架梁钢筋翻样卡				
钢筋名称	钢筋编号	钢筋代号	钢筋数量	钢筋形状及尺寸
上部通筋				
架立筋				
不同直径通筋				
边支座负筋第一层				
边支座负筋第二层（若有）				
中间支座负筋第一层				
中间支座负筋第二层（若有）				
悬挑梁上部筋				
悬挑梁上部筋第二层（若有）				
其他钢筋				
长度及根数计算过程				

知识拓展

1. 楼层框架扁梁施工图识读

（1）框架扁梁注写规则同框架梁，对于上部纵筋和下部纵筋，尚需注明未穿过柱截面的梁纵向受力钢筋的根数。

[例] 10C25（4）表示框架扁梁有4根纵向受力钢筋未穿过柱截面，柱两侧各2根。

（2）框架扁梁节点核心区代号为KBH，包括柱内核心区和柱外核心区两部分。框架扁梁节点核心区钢筋注写包括柱外核心区竖向拉筋及节点核心区附加抗剪纵向钢筋，端支座节点核心区尚需注写附加U形箍筋。

（3）柱内核心区箍筋见框架柱箍筋。

（4）柱外核心区竖向拉筋，注写其钢筋种类与直径；端支座柱外核心区尚需注写附加U形箍筋的钢筋种类、直径及根数。框架扁梁节点核心区附加抗剪纵向钢筋，以大写字母“F”打头，大写字母“X”或“Y”注写其设置方向x向或y向，层数、每层钢筋根数、钢筋种类、直径及未穿过柱截面的纵向受力钢筋根数。

[例] KBH1 Φ10，F X&Y 2×7Φ14（4），表示框架扁梁中间支座节点核心区：柱外核心区竖向拉筋Φ10；沿梁x向（y向）配置两层7Φ14附加抗剪纵向钢筋，每层有4根附加抗剪纵向钢筋未穿过柱截面，柱两侧各2根；附加抗剪纵向钢筋沿梁高度范围均匀布置。

2. 纯悬挑梁构造识读

（1）悬挑梁上部纵筋伸入支座对边弯折15d（d为钢筋直径）。

（2）悬挑长度$l \leqslant 2000$mm。

（3）悬挑端上部纵筋至少2根角筋，并不少于第一排纵筋的1/2伸至梁端部弯折12d。

（4）当上部钢筋为一排，且$l<4h_b$时，上部钢筋可不在端部弯下，否则伸出至0.75l后向下弯折，伸至梁底弯折≥10d。

（5）当上部钢筋为两派，且l小于5h_b时，可不将钢筋在算不弯下，否则伸出至0.75l后向下弯折，伸至梁底弯折≥10d。

3. 井字梁构造识读

（1）以柱为支座的井字梁，在柱子的纵筋上锚固及箍筋加密要求同框架梁。

（2）以梁为支座的井字梁，上部纵筋在端支座处应伸至主梁外侧纵筋内侧后弯折15d，当直段长度不小于l_a时可不弯折。

（3）以梁为支座的井字梁，下部纵筋在端支座及中间支座处锚固为12d。

任务3.2

板结构施工图识读

任务目标

知识目标：掌握钢筋混凝土板传统表示方法知识；掌握板平法表达方法（双向双层四层钢筋级别、直径、数量、形状、尺寸确定）知识；掌握钢筋混凝土板的构造规定、上部通筋、上部支座负筋、下部通筋、马凳筋等钢筋的级别、直径、数量、形状、尺寸确定的基本知识。

技能目标：具有能正确选择钢筋锚固节点的能力；具有正确填写板钢筋翻样卡的能力。

思政目标：培养学生具备大平台大格局意识。

问题引导

制图规则：

① 钢筋混凝土板有哪些种类？从配筋角度各有什么不同？

② 钢筋混凝土板有哪几种注写的方式？

③ 绘制横断面图和纵断面图需要哪些信息？

构造详图：

板洞有哪几种构造形式？

板的分类

3.2.1 板平法规则识读

3.2.1.1 板的类型

板分为楼面板、屋面板和悬挑板，具体见表3-13。

表3-13　板的类型

板类型	代号	序号
楼面板	LB	××
屋面板	WB	××
悬挑板	XB	××

3.2.1.2 有梁楼盖平法施工图

有梁楼盖平法施工图（图3-15），是在楼面板和屋面板布置图上，采用平面注写的表达方式。板平面注写主要包括板块集中标注和板支座原位标注。

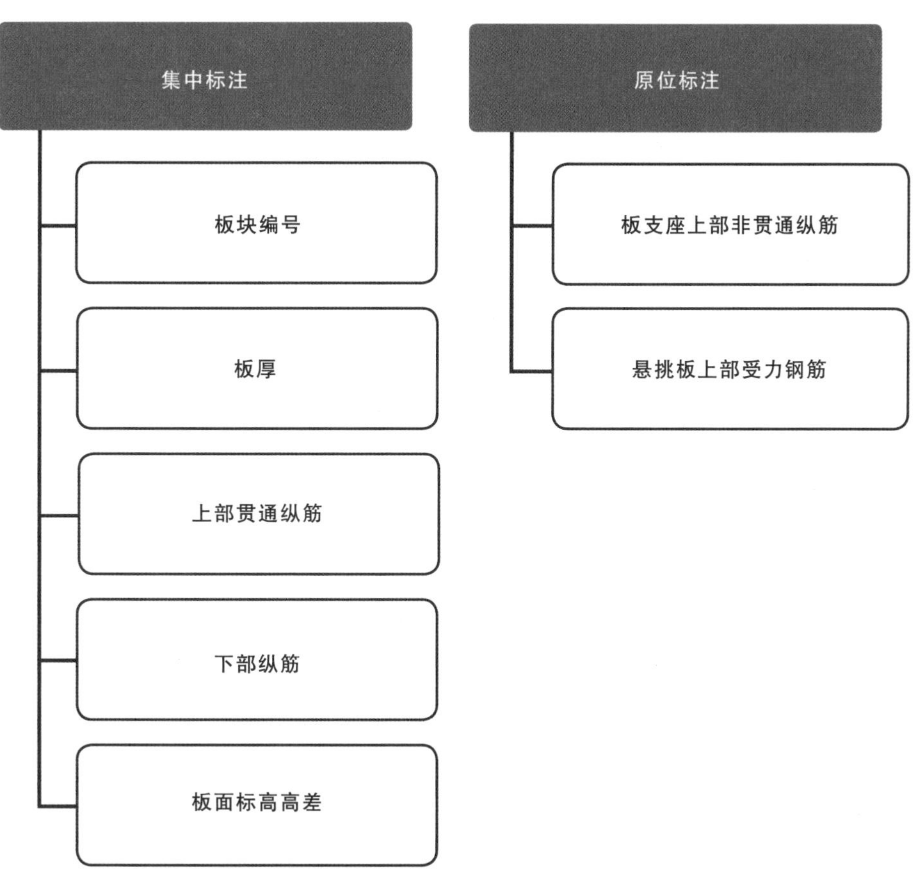

图3-15　有梁楼盖平法施工图

板块集中标注示例如图3-16所示。

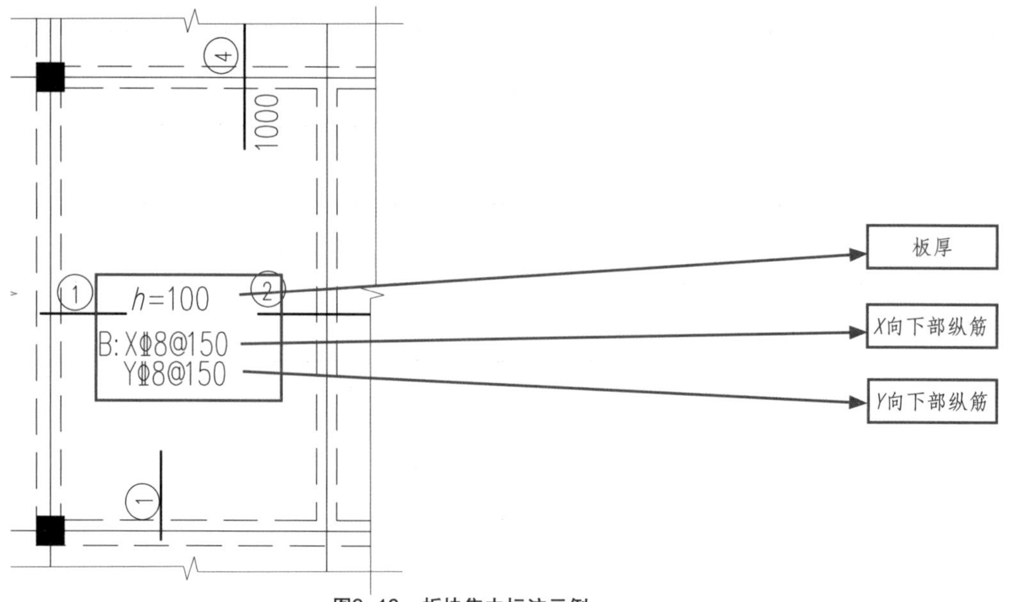

图3-16　板块集中标注示例

板支座原位标注示例如图3-17所示。

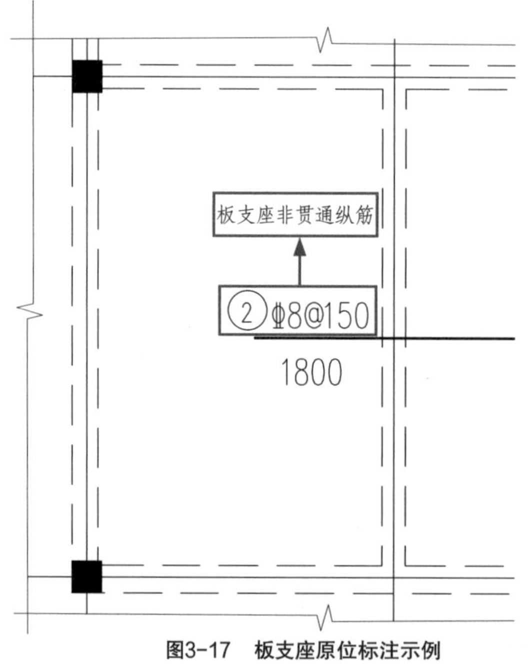

图3-17　板支座原位标注示例

任务小结

学习本小节任务时要重点、准确地理解平法原理；掌握集中标注和原位标注各项的含义。

板的平法识读首先要掌握平法规则。规则识读的准确性直接关系到识读结构图的质量。我们需要通过大量的实践去掌握不同板的钢筋翻样，来确定构件中不同钢筋的信息。

板平法识读实践案例见表3-14。板平法识读实践提高见表3-15。

表3-14　板平法识读实践案例

<table>
<tr><td>实践要求：
根据给出的板传统标注施工图，绘制板的平法注写施工图，图中未标明的板配筋均为Φ8@200，伸入板长度均为1000mm</td></tr>
<tr><td>板平法注写施工图：
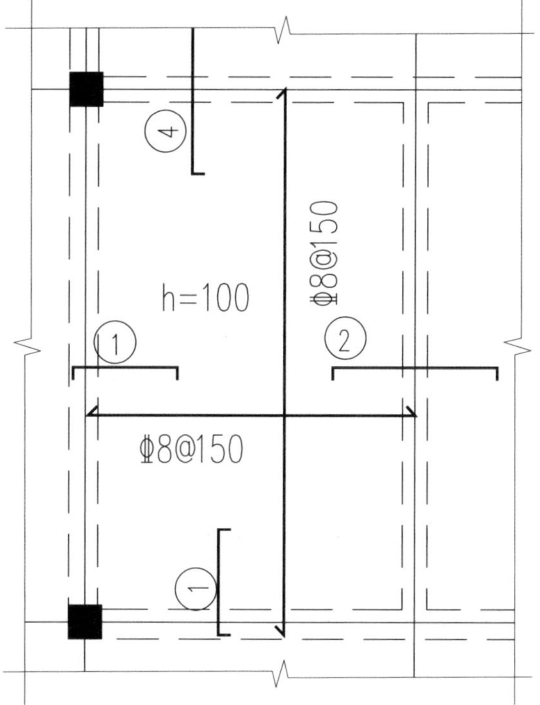
</td></tr>
<tr><td>案例答案：
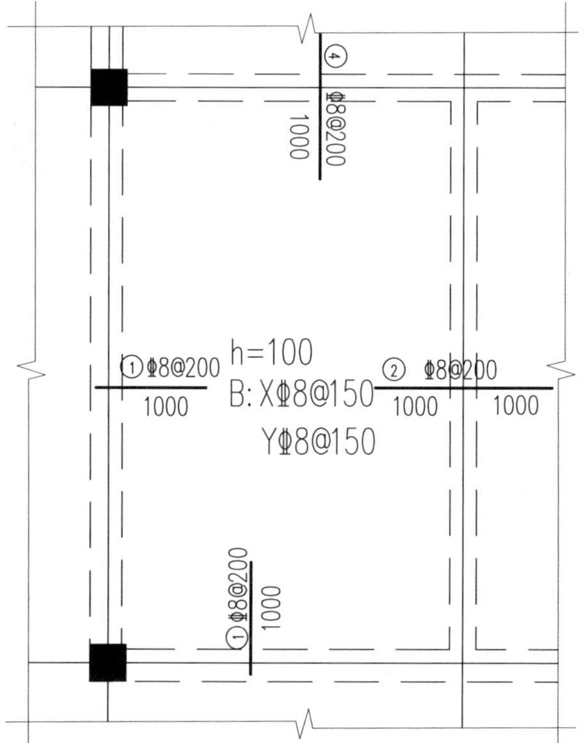
</td></tr>
</table>

表3-15　板平法识读实践提高

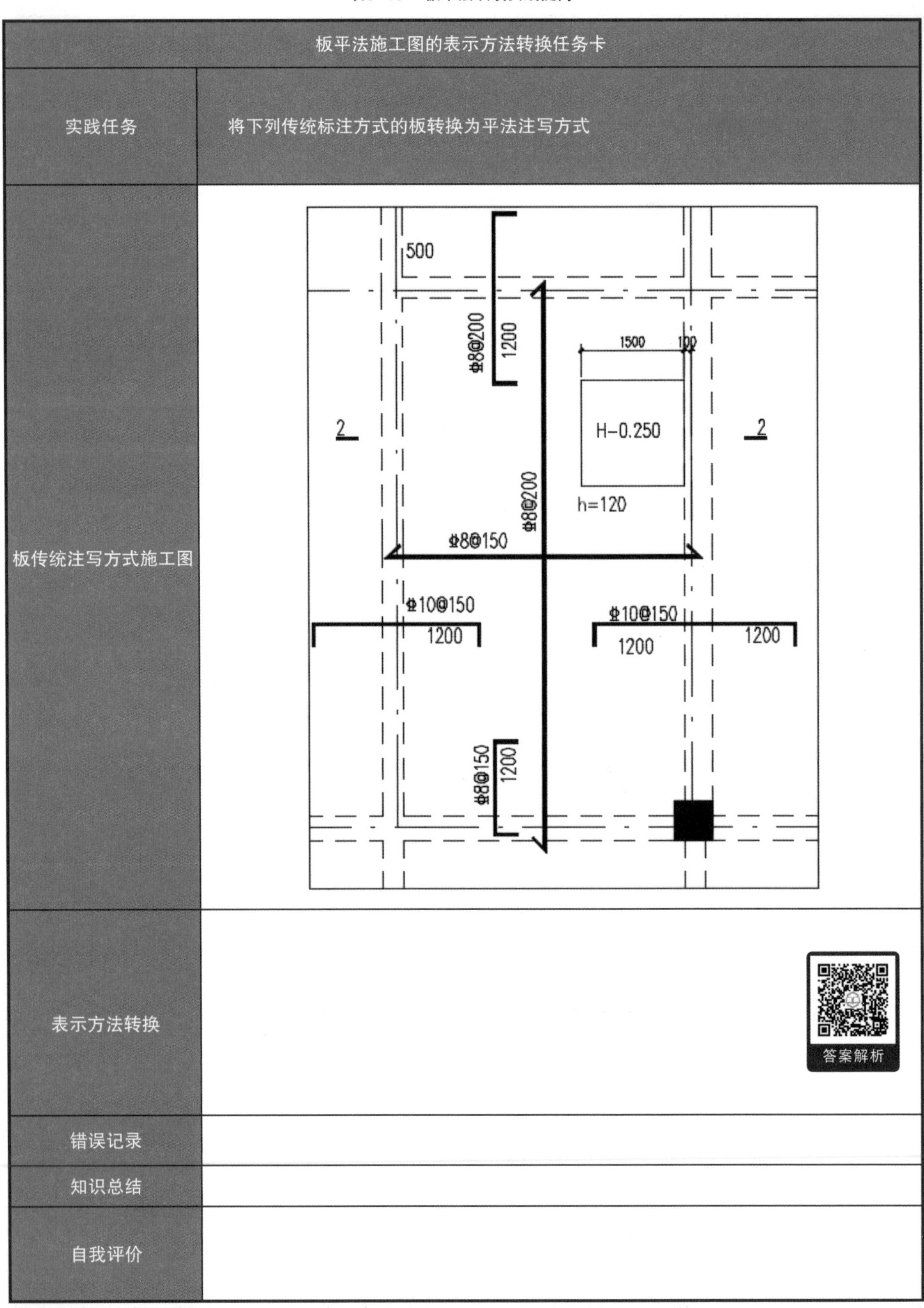

板平法施工图的表示方法转换任务卡	
实践任务	将下列传统标注方式的板转换为平法注写方式
板传统注写方式施工图	
表示方法转换	
错误记录	
知识总结	
自我评价	

3.2.2　有梁楼盖板的平法构造识读

3.2.2.1 钢筋种类

板钢筋的种类如图3-18所示。

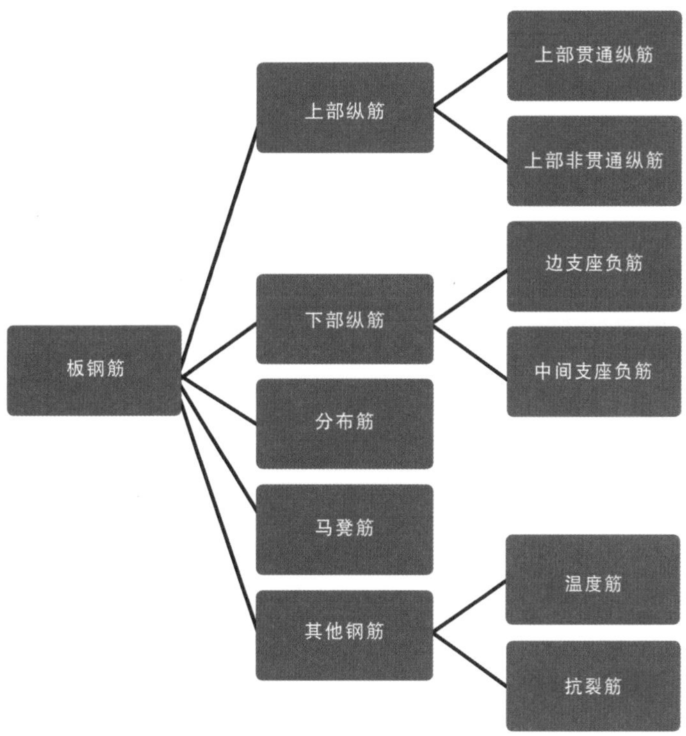

图3-18　板钢筋的种类

3.2.2.2 钢筋构造

有梁楼盖板的钢筋构造如图3-19所示。

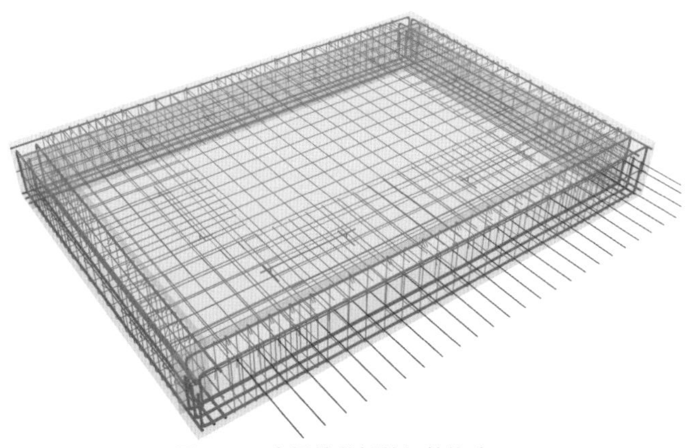

图3-19　有梁楼盖板的钢筋构造

上部纵筋构造如图3-20所示。

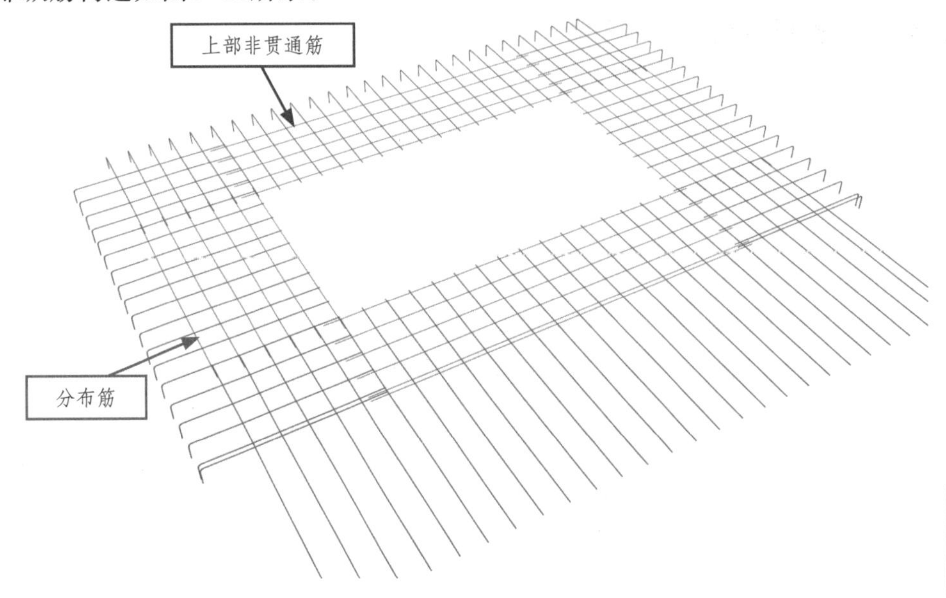

上部纵筋构造

图3-20　上部纵筋构造

下部纵筋构造如图3-21所示。

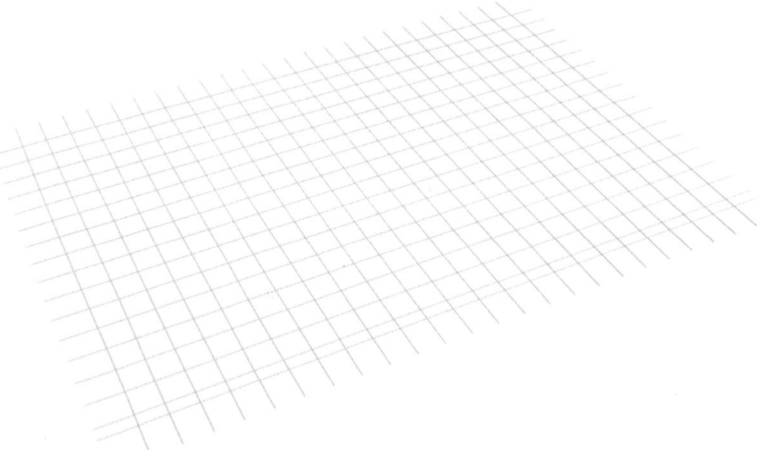

下部纵筋构造

图3-21　下部纵筋构造

任务小结

学习本构造节点时要重点掌握板上部和下部纵筋的锚固方式；上部非贯通筋的构造。

板构造识读实践案例见表3-16。板构造识读实践提高见表3-17。板构造识读实践拓展见表3-18。

表3-16　板构造识读实践案例

实践要求：

根据给出的板平法施工图，绘制1—1断面图

板平法施工图：

已知：抗震等级为三级，混凝土强度等级为C30，梁截面300mm×750mm，未注明板分布筋为C8@200

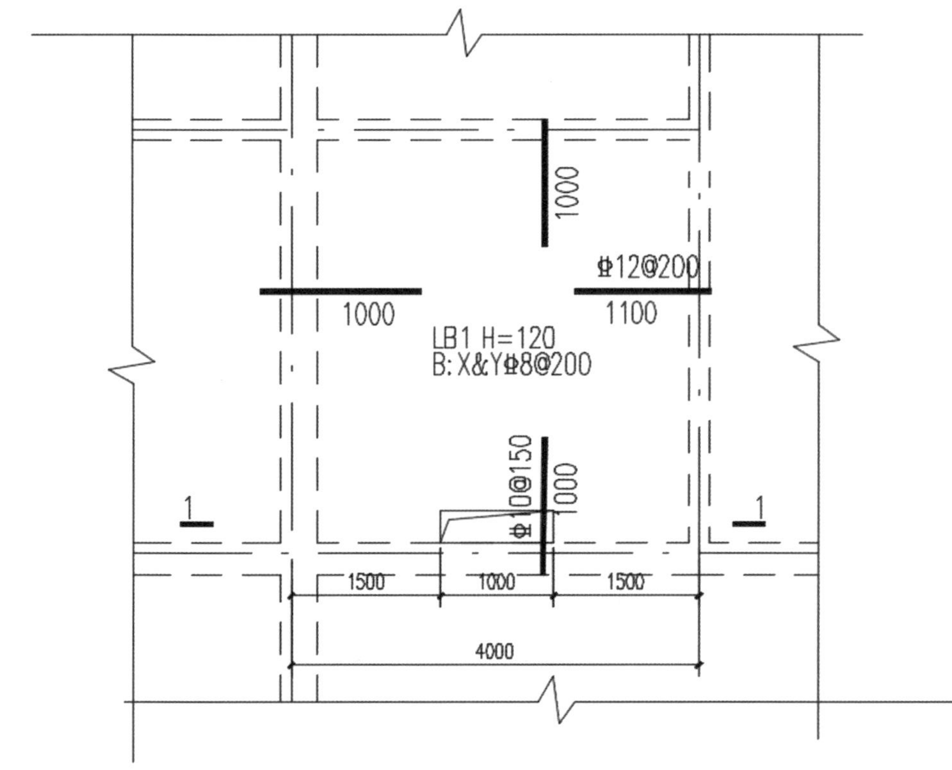

案例答案：

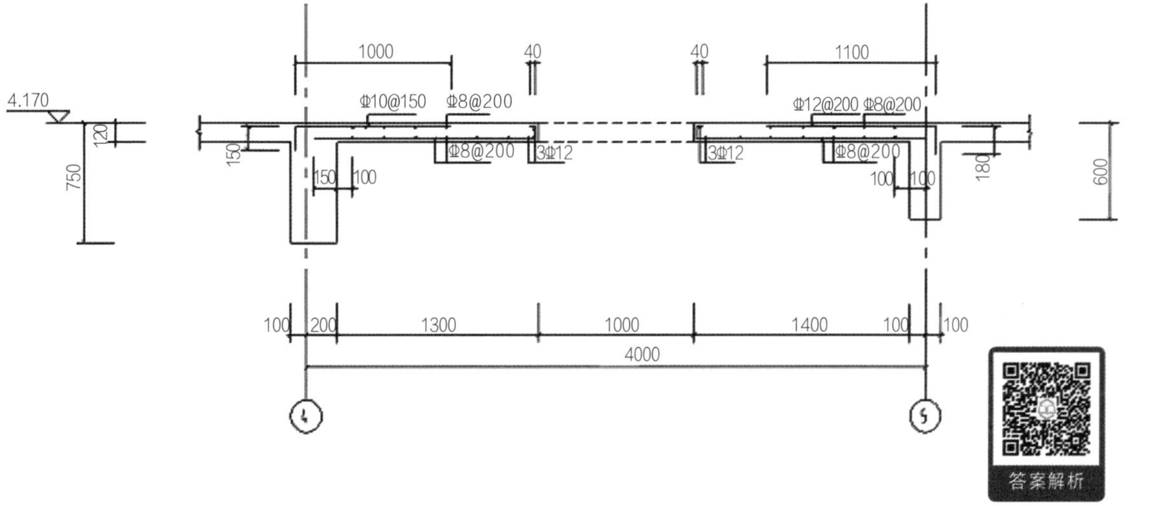

表3-17　板构造识读实践提高

钢筋混凝土板纵向透视图绘制任务卡	
实践任务	绘制以下板X向纵向透视图 已知：抗震等级为三级，混凝土强度等级为C30，梁截面300mm×600mm，①号筋为C8@150，②号筋为C10@150，伸出长度均为1000mm，未注明板分布筋为C8@200
板平法施工图	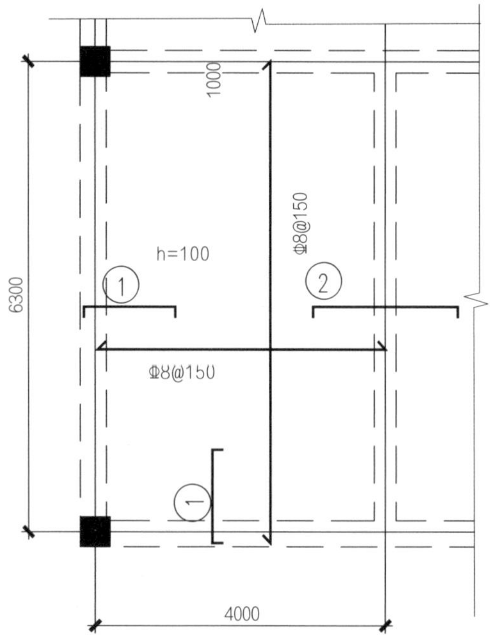 1000 Φ8@150 h=100 ① ② 6300 Φ8@150 ① 4000
纵向透视图绘制	答案解析
错误记录	
知识总结	
自我评价	

拓展要求：对教师指定图纸中的板进行钢筋翻样。

表3-18　板构造识读实践拓展

板钢筋翻样卡				
钢筋名称	钢筋编号	钢筋代号	钢筋数量	钢筋形状及尺寸
*X*向贯通筋				
*Y*向贯通筋				
非贯通纵筋				
上部支座负筋第一层				
上部支座负筋第二层（若有）				
下部支座负筋（若有）				
分布筋				
马凳筋				
其他钢筋				
长度及根数计算过程				

知识拓展

无梁楼盖板施工图识读

板构造识读

任务3.3

柱结构施工图识读

任务目标

知识目标：掌握钢筋混凝土柱平法规则知识；掌握钢筋混凝土柱构造知识，包括钢筋连接方式、嵌固部位、非连接区、柱插筋构造、柱顶部筋构造等知识。

技能目标：具备将钢筋混凝土柱的列表注写和截面注写进行相互转化的能力；具备绘制柱横断面及纵向透视力图的能力；具备填写钢筋翻样卡用于确定钢筋级别、直径、数量、形状、尺寸的能力。

思政目标：培养学生人生如屋、信念如柱，认定就要坚持，努力坚实人生的全局观。

问题引导

制图规则：

① 钢筋混凝土柱有哪些种类？各自的编号是什么？

② 钢筋混凝土柱有哪几种注写的方式？

③ 绘制横断面图和纵断面图需要哪些信息？

构造详图：

① 钢筋混凝土框架柱嵌固部位有哪几种表示形式？

② 钢筋混凝土框架柱非连接区如何确定？

柱的分类

3.3.1　柱平法规则识读

3.3.1.1 柱的类型

柱分为框架柱、转换柱和芯柱，具体见表3-19。

表3-19　柱的类型

柱类型	类型代号	序号
框架柱	KZ	××
转换柱	ZHZ	××
芯柱	XZ	××

3.3.1.2 柱平法施工图的表示方法

柱平法施工图的表示方法（图3-22），可采用列表注写方式或截面注写方式。

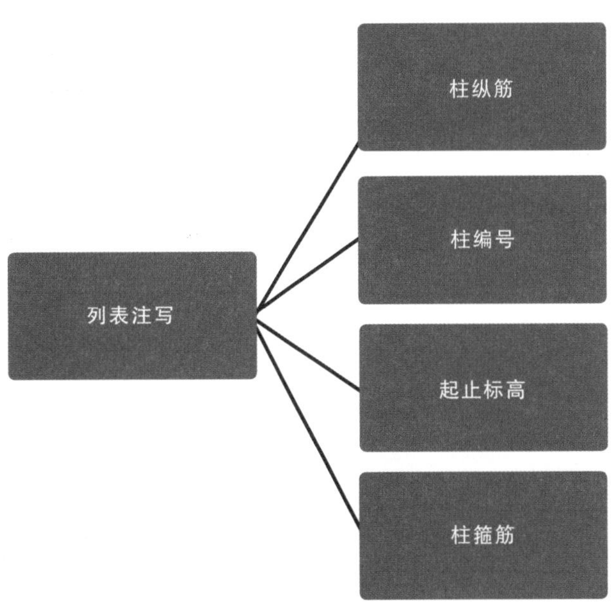

图3-22　柱平法施工图的表示方法

列表注写示例如图3-23所示。

柱表

柱编号	标高（m）	$b\times h$（mm×mm）（圆柱直径D）	b_1（mm）	b_2（mm）	h_1（mm）	h_2（mm）	全部纵筋	角筋	b边一侧中部筋	h边一侧中部筋	箍筋类型号	箍筋	备注
KZ1	−4.530～−0.030	750×700	375	375	150	550	28Φ25				1（6×6）	Φ10@100/200	—
	−0.030～19.470	750×700	375	375	150	550	24Φ25				1（5×4）	Φ10@100/200	
	19.470～37.470	650×600	325	325	150	450		4Φ22	5Φ22	4Φ20	1（4×4）	Φ10@100/200	
	37.470～59.070	550×500	275	275	150	350		4Φ22	5Φ22	4Φ20	1（4×4）	Φ8@100/200	
XZ1	−4.530～8.670						8Φ25				按标准构造详图	Φ10@100/200	⑤×Ⓒ轴KZ1中设置

−4.530～59.070柱平法施工图（局部）

图3-23　列表注写示例

柱截面注写示例如图3-24所示。

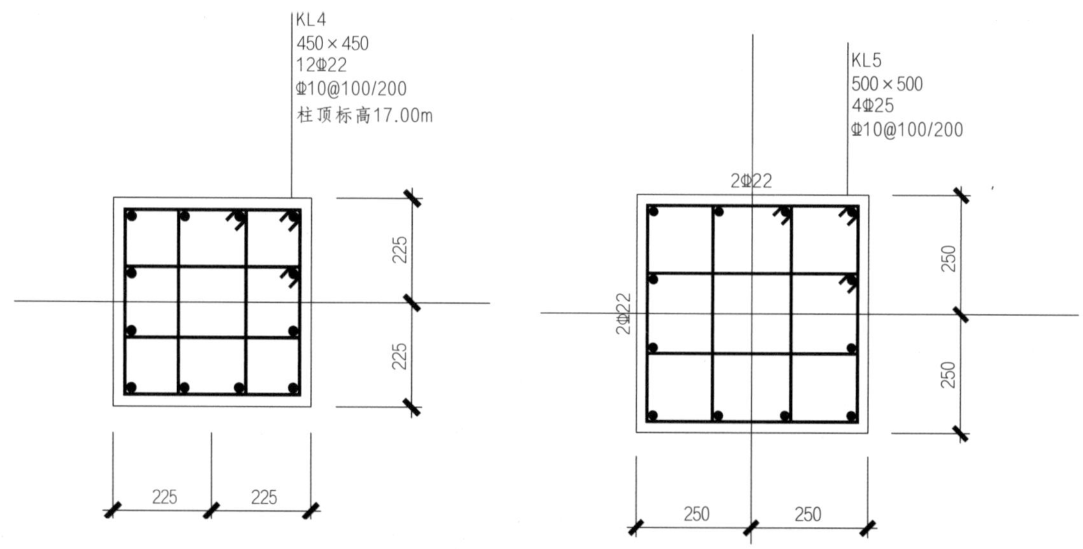

图3-24　柱截面注写示例

任务小结

学习本小节任务时要重点、准确地理解平法原理；掌握列表注写和截面注写各项的含义；能够准确绘制出基本截面的断面图，并绘制完整的信息，包括横断面尺寸、纵筋、箍筋以及其他钢筋的信息。

柱的平法识读首先要掌握平法规则。规则识读的准确性直接关系到识读结构图的质量。我们需要通过大量的实践去掌握不同柱的钢筋翻样，来确定构件中不同钢筋的信息。

柱平法识读实践案例见表3-20。柱平法识读实践提高见表3-21。

表3-20 柱平法识读实践案例

实践要求：

根据给出的柱列表注写方式，绘制柱的截面注写施工图

柱平法施工图：

柱号	标高	$b \times h$	b_1	b_2	h_1	h_2	角筋	b边一侧中部筋	h边一侧中部筋	箍筋类型号	箍筋
KZ1	基础面～3.570	400×400	200	200	200	200	4Φ20	2Φ20	2Φ20	1（4×4）	Φ10@100/200
	3.570～14.370	400×400	200	200	200	200	4Φ20	2Φ20	2Φ20	1（4×4）	Φ8@100/200

案例答案：

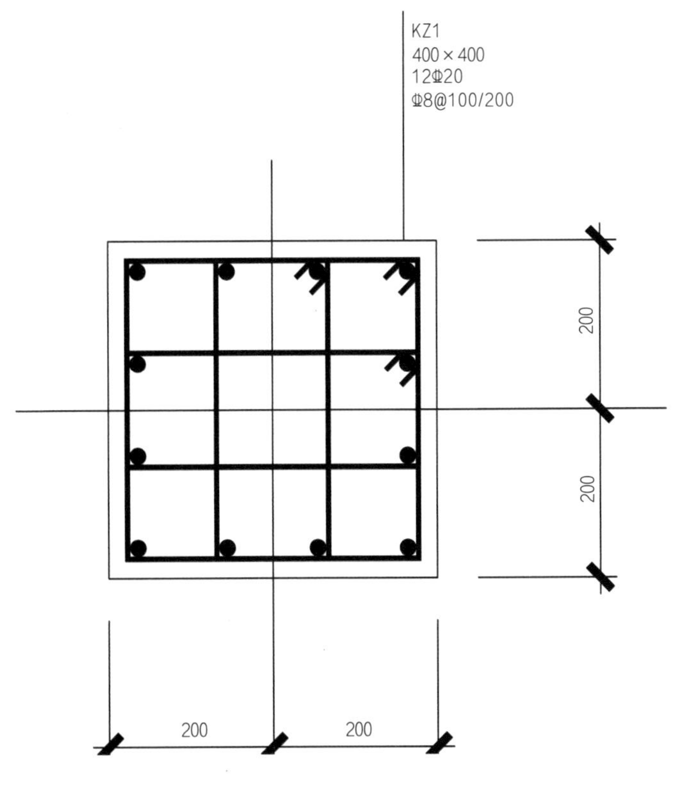

表3-21 柱平法识读实践提高

柱平法施工图的表示方法转换任务卡					
实践任务	将下列截面注写方式的柱转换为列表注写方式				
柱平法施工图	截面	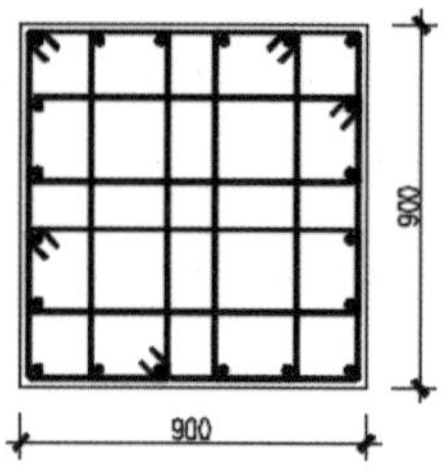 900 900	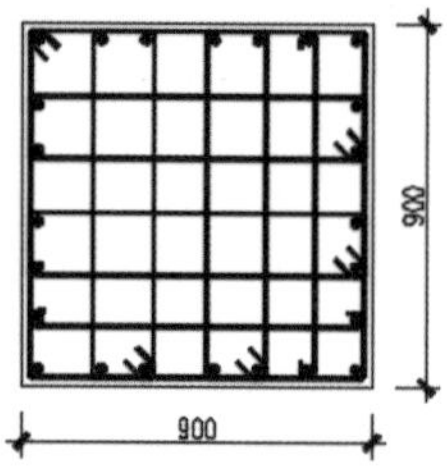 900 900	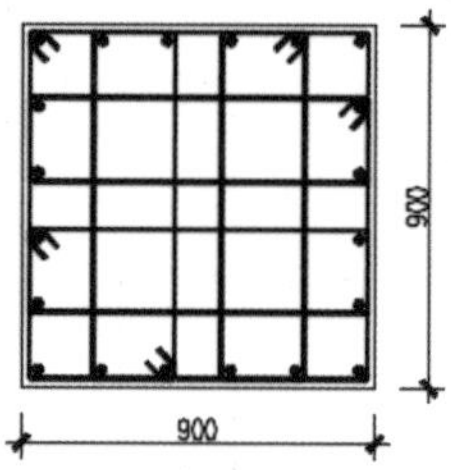 900 900	800 900
	编号	KZ17	KZ17	KZ17	KZ17
	标高	基础顶～−4.700	−4.700～−0.050	−0.050～3.600	3.600～7.200
	纵筋	20Φ25	24Φ25	20Φ25	20Φ25
	箍筋	Φ10@100/200	Φ10@100/200	Φ10@100/200	Φ10@100/200
列表注写转换	答案解析				
错误记录					
知识总结					
自我评价					

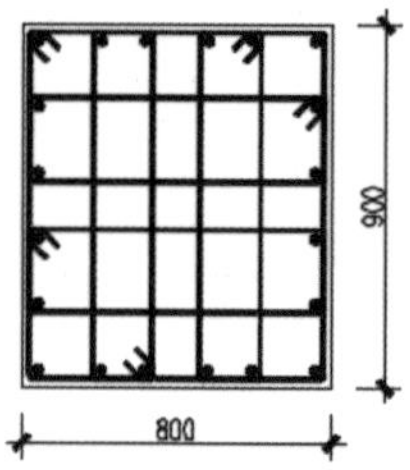

3.3.2　框架柱平法构造识读

3.3.2.1 钢筋分类

框架柱钢筋分类如图3-25所示。

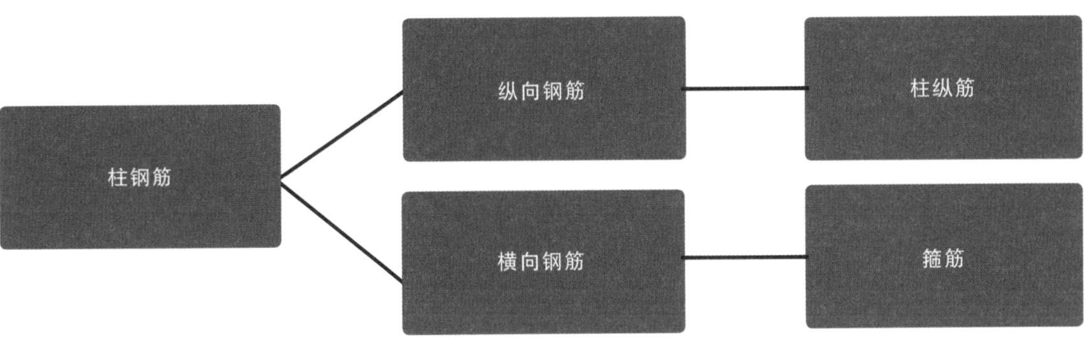

图3-25　框架柱钢筋分类

3.3.2.2 钢筋构造

框架柱钢筋构造如图3-26所示。

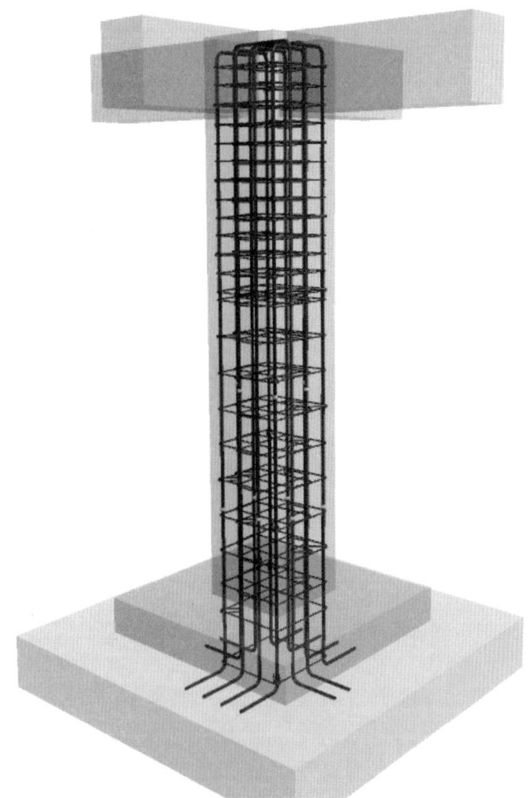

图3-26　框架柱钢筋构造

纵筋构造如图3-27所示。

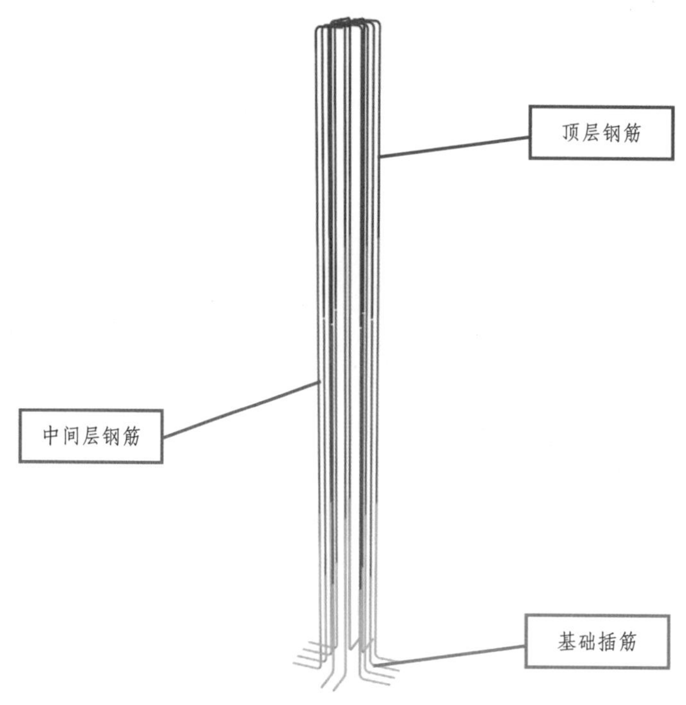

图3-27 纵筋构造

箍筋构造如图3-28所示。

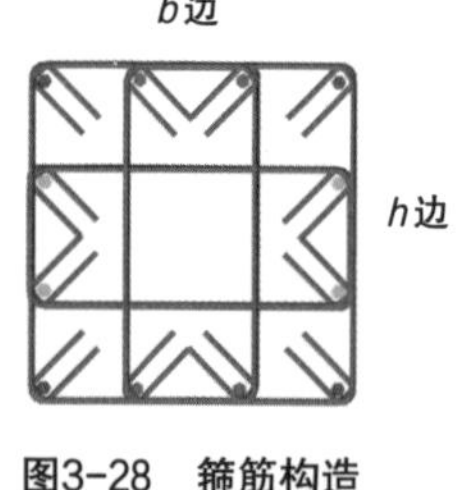

图3-28 箍筋构造

任务小结

学习本构造节点时要重点掌握柱纵向钢筋在基础中的锚固方式；柱纵向钢筋连接构造；边柱、角柱、中柱柱顶的锚固构造以及柱的箍筋形式。

柱构造识读实践案例见表3-22。柱构造识读实践提高见表3-23。柱构造识读实践拓展见表3-24。

表3-22　柱构造识读实践案例

实践要求：

绘制地下二层柱纵向透视图：柱纵筋；柱在基础内的箍筋；柱箍筋加密区范围

柱平法施工图：

已知：抗震等级为三级，混凝土强度等级为C30，基顶标高为-12.550m，筏板基础厚度为1500mm，梁高为600mm，该柱为偏心受拉构件，地下二层顶标高为-8.650m，纵筋连接方式为机械连接，嵌固部位为地下室顶面

截面	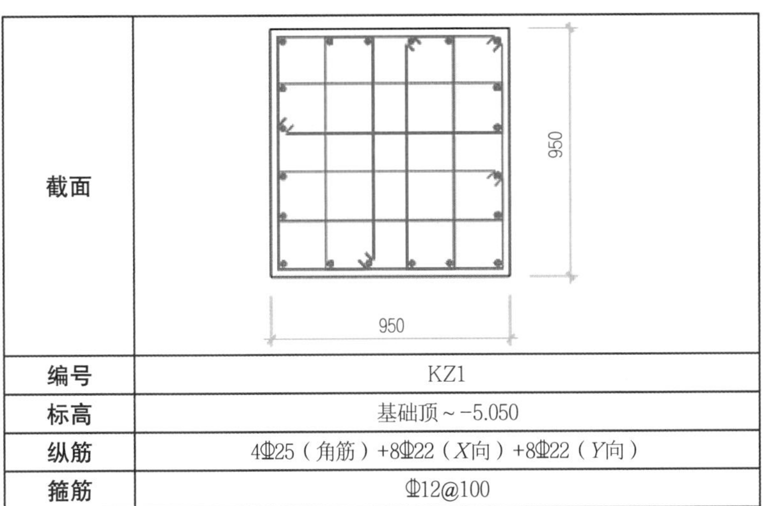
编号	KZ1
标高	基础顶～-5.050
纵筋	4Φ25（角筋）+8Φ22（*X*向）+8Φ22（*Y*向）
箍筋	Φ12@100

案例答案：

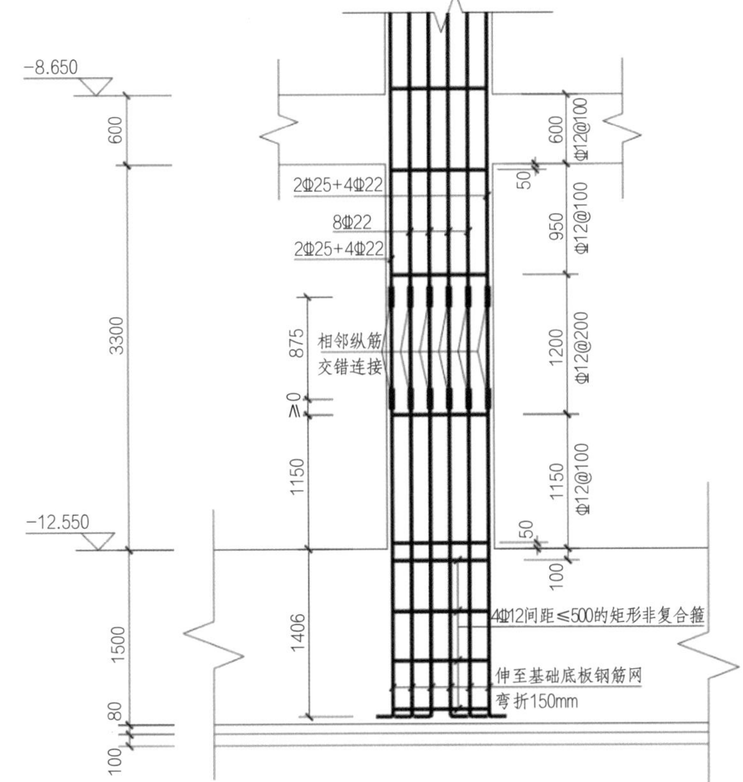

表3-23　柱构造识读实践提高

框架柱纵向透视图绘制任务卡	
实践任务	绘制以下柱的纵向透视图 已知：抗震等级为三级，混凝土强度等级为C30，独立基础高度500mm，基础顶标高为-1.250m
柱平法施工图	（见下表）
纵向透视图绘制	答案解析
错误记录	
知识总结	
自我评价	

柱号	标高	$b\times h$	b_1	b_2	h_1	h_2	角筋	b边一侧中部筋	h边一侧中部筋	箍筋类型号	箍筋
KZ1	基础面～3.570	400×400	200	200	200	200	4Φ20	2Φ20	2Φ20	1（4×4）	Φ10@100/200
	3.570～14.370	400×400	200	200	200	200	4Φ20	2Φ20	2Φ20	1（4×4）	Φ8@100/200

拓展要求：对教师指定图纸中的柱进行钢筋翻样。

表3-24　柱构造识读实践拓展

<table>
<tr><th colspan="5">框架柱钢筋翻样卡</th></tr>
<tr><th>钢筋名称</th><th>钢筋编号</th><th>钢筋代号</th><th>钢筋数量</th><th>钢筋形状及尺寸</th></tr>
<tr><td rowspan="3">纵筋</td><td></td><td></td><td></td><td></td></tr>
<tr><td></td><td></td><td></td><td></td></tr>
<tr><td></td><td></td><td></td><td></td></tr>
<tr><td rowspan="3">箍筋</td><td></td><td></td><td></td><td></td></tr>
<tr><td></td><td></td><td></td><td></td></tr>
<tr><td></td><td></td><td></td><td></td></tr>
<tr><td>其他钢筋</td><td></td><td></td><td></td><td></td></tr>
<tr><th colspan="5">长度及根数计算过程</th></tr>
<tr><td colspan="5"></td></tr>
</table>

知识拓展

框架柱变截面钢筋构造识读

任务3.4

楼梯结构施工图识读

任务目标

知识目标：掌握钢筋混凝土楼梯平法表示方法、规则、类型及构成的基本知识。

技能目标：具备绘制钢筋混凝土楼梯斜板纵向透视力图的能力；具备填写钢筋翻样卡用于确定楼梯斜板钢筋级别、直径、数量、形状、尺寸的能力。

思政目标：培养学生具备团队协作，共同成长意识，明白人生就像爬楼梯，要脚踏实地，一步一步往前走。

问题引导

制图规则：

① 钢筋混凝土楼梯有哪些种类？各自的编号是什么？

② 钢筋混凝土楼梯有哪几种注写的方式？

构造详图：

① DT型楼梯高端上部纵筋有哪几种锚固方式？

② BT型楼梯与DT型楼梯钢筋构造有哪些区别？

3.4.1 楼梯平法规则识读

3.4.1.1 楼梯的类型

楼梯分为AT、BT、CT、DT、ET、FT、GT、ATa、ATb、ATc、BTb、CTa、CTb和DTb，具体见表3-25。

表3-25　楼梯的类型

梯板代号	适用范围		是否参与结构整体抗震计算
	抗震构造措施	适用结构	
AT	无	剪力墙、砌体结构	不参与
BT			
CT	无		
DT			
ET	无		
FT			
GT	无		
ATa	有	框架结构、框剪结构中框架部分	
ATb			
ATc			参与
BTb	有		不参与
CTa	有		
CTb			
DTb	有		

3.4.1.2 楼梯平法施工图的表示方法

楼梯平法施工图的表示方法（图3-29），可采用平面注写方式、剖面注写方式或列表注写方式。楼梯集中标注示例如图3-30所示。楼梯外围标注示例如图3-31所示。

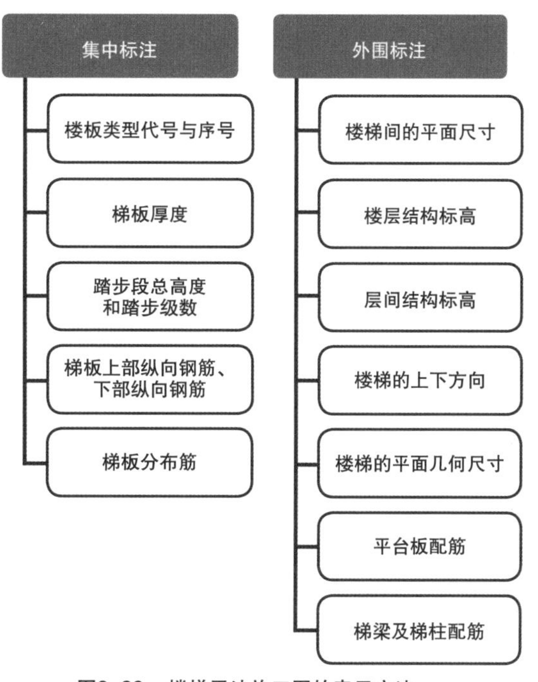

图3-29　楼梯平法施工图的表示方法

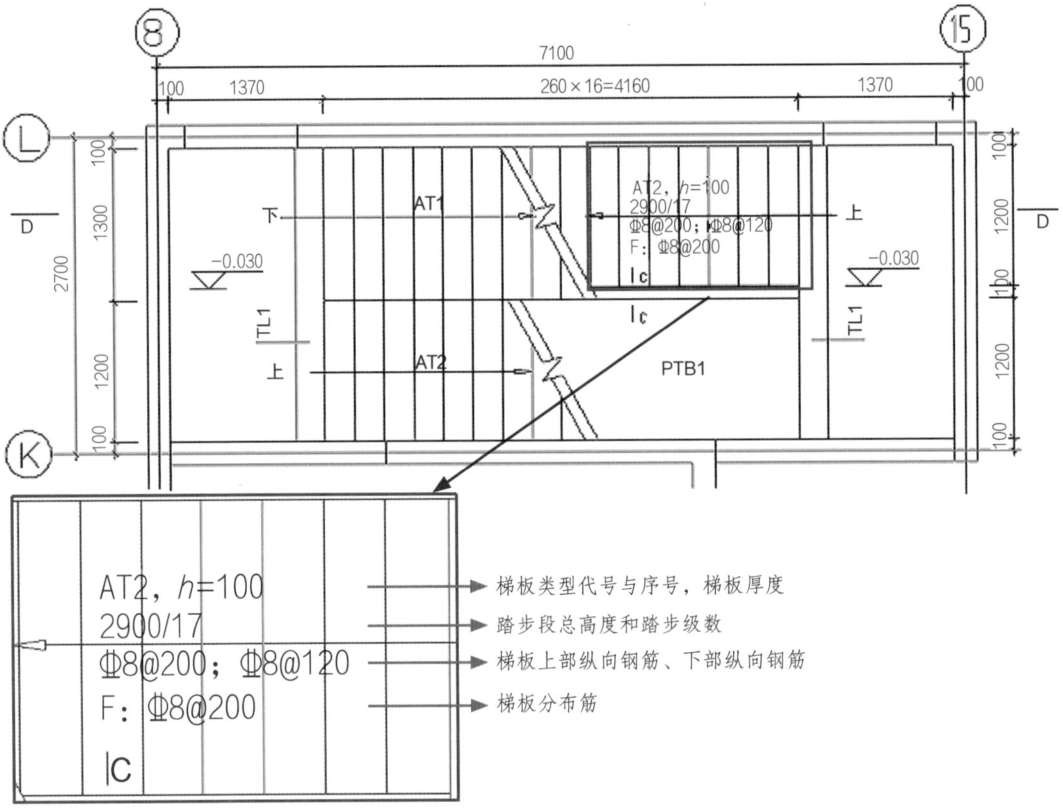

8
15
7100
100
1370
260×16=4160
1370
100
L
K
D
2700
100
1300
1200
100
1200
100
AT1
AT2
下
上
AT2，h=100
2900/17
Φ8@200；Φ8@120
F：Φ8@200
-0.030
TL1
PTB1
梯板类型代号与序号，梯板厚度
踏步段总高度和踏步级数
梯板上部纵向钢筋、下部纵向钢筋
梯板分布筋

图3-30　楼梯集中标注示例

楼梯间的平面尺寸
梯板的平面尺寸
8
15
7100
100
1370
260×16=4160
1370
100
L
K
D
2700
AT1
AT2
AT2，h=100
2900/17
Φ8@200；Φ8@120
F：Φ8@200
-0.030
TL1
PTB1
楼层结构标高
楼梯的上下方向

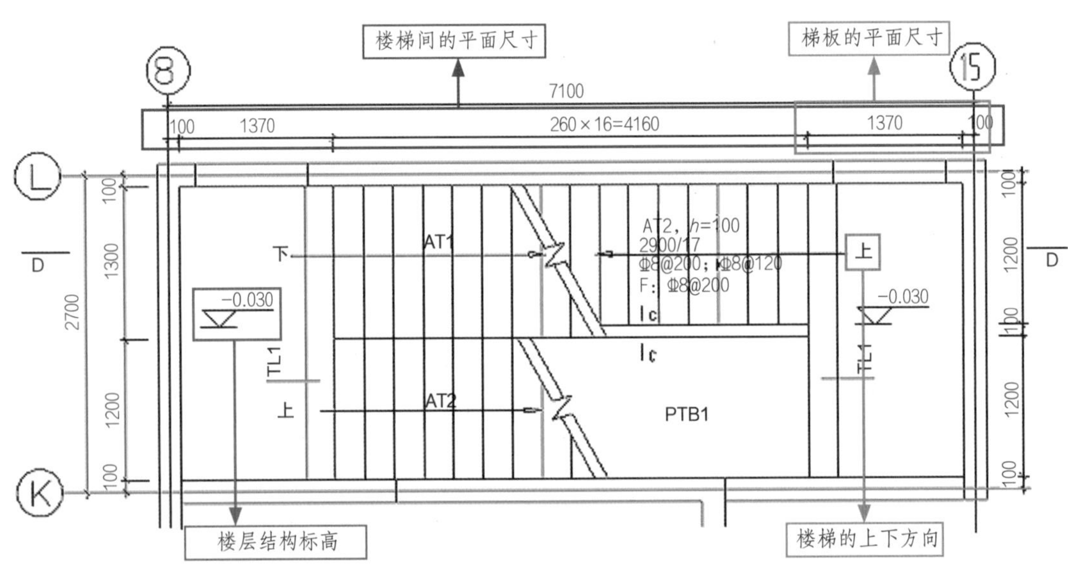

图3-31　楼梯外围标注示例

任务小结

学习本小节任务时要重点、准确地理解平法原理；掌握平面注写方式、剖面注写方式或列表注写方式的形式及内容；能够准确绘制出基本截面的断面图，并绘制完整的信息。

楼梯平法识读实践案例见表3-26。楼梯平法识读实践提高见表3-27。

表3-26　楼梯平法识读实践案例

实践要求：

根据给出的楼梯平面注写方式，绘制BT2的列表注写施工图

楼梯平法施工图：

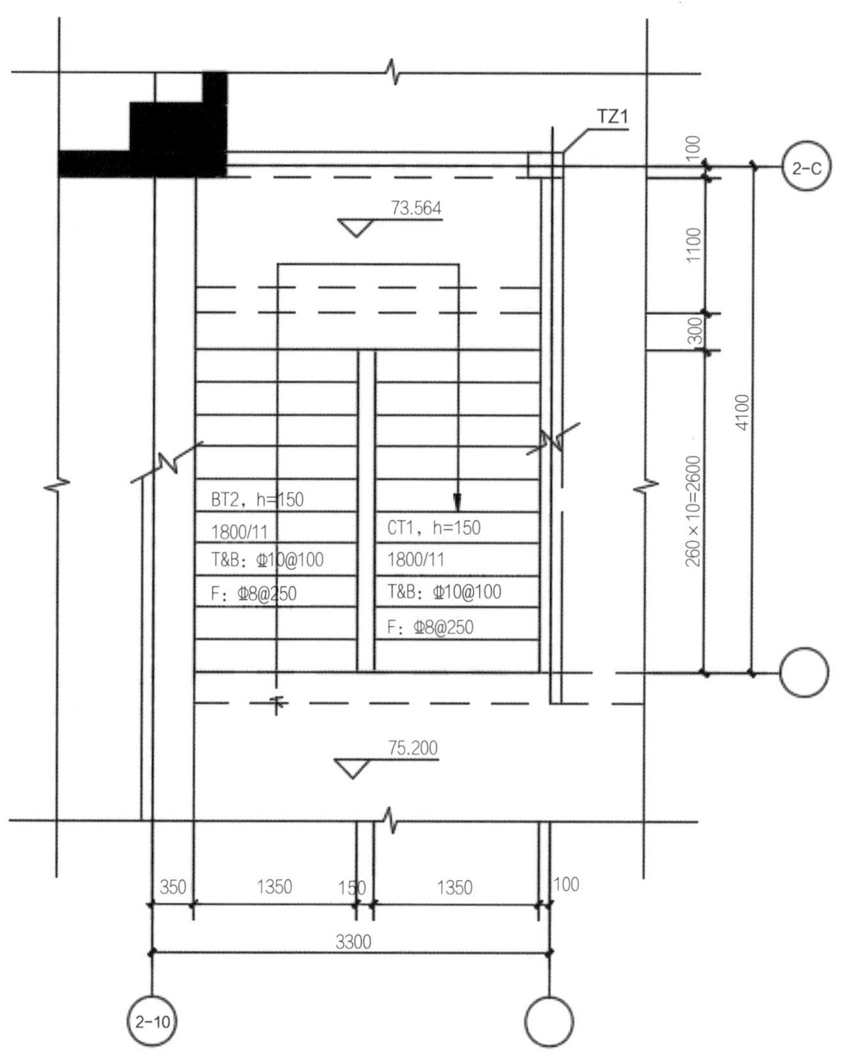

案例答案：

梯板编号	踏步段总高度（mm）/踏步数量（级）	板厚 *h*/mm	纵筋	分布筋
BT2	1800/11	150	Φ10@100	Φ8@150

表3-27　楼梯平法识读实践提高

楼梯平法施工图的表示方法转换任务卡	
实践任务	根据给出的平面注写方式，转换为剖面注写方式
楼梯平法施工图	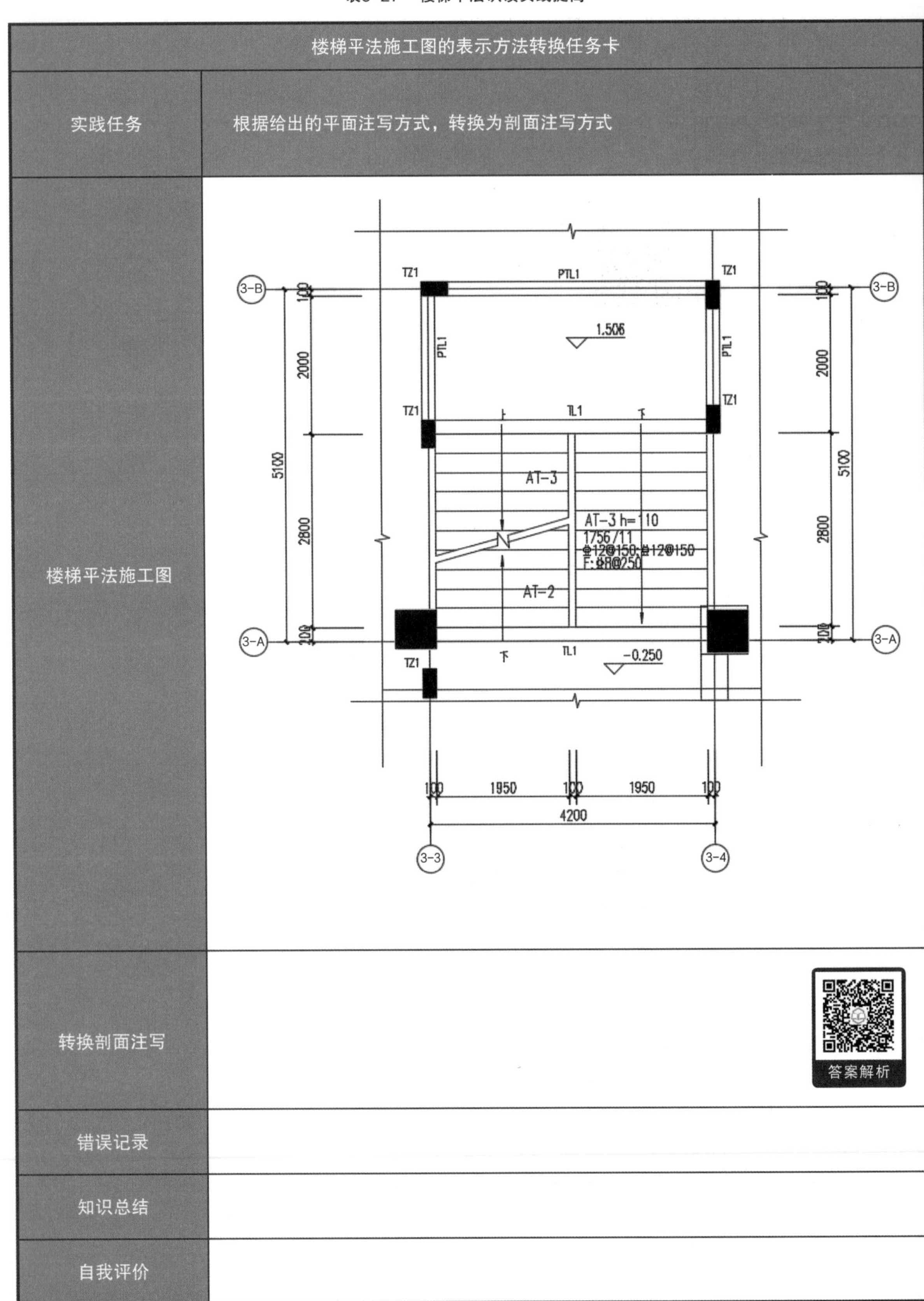
转换剖面注写	答案解析
错误记录	
知识总结	
自我评价	

3.4.2　DT型楼梯平法构造识读

3.4.2.1 钢筋分类

DT型楼梯钢筋分类如图3-32所示。

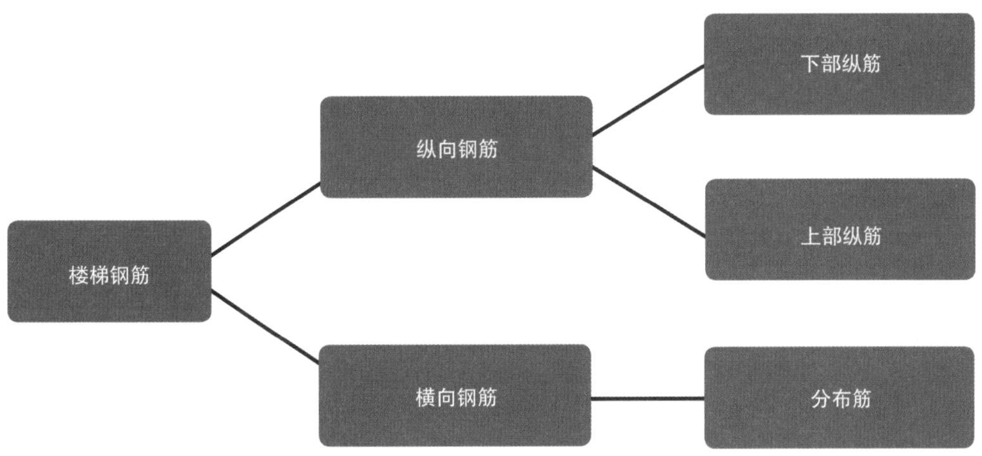

图3-32　DT型楼梯钢筋分类

3.4.2.2 钢筋构造

DT型楼梯钢筋构造如图3-33所示。

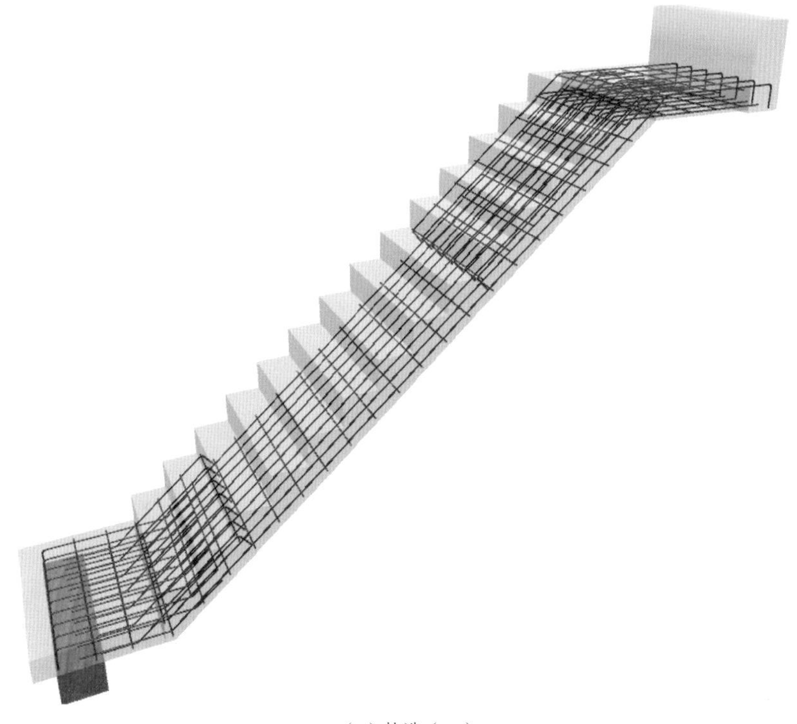

（a）构造（一）

图3-33

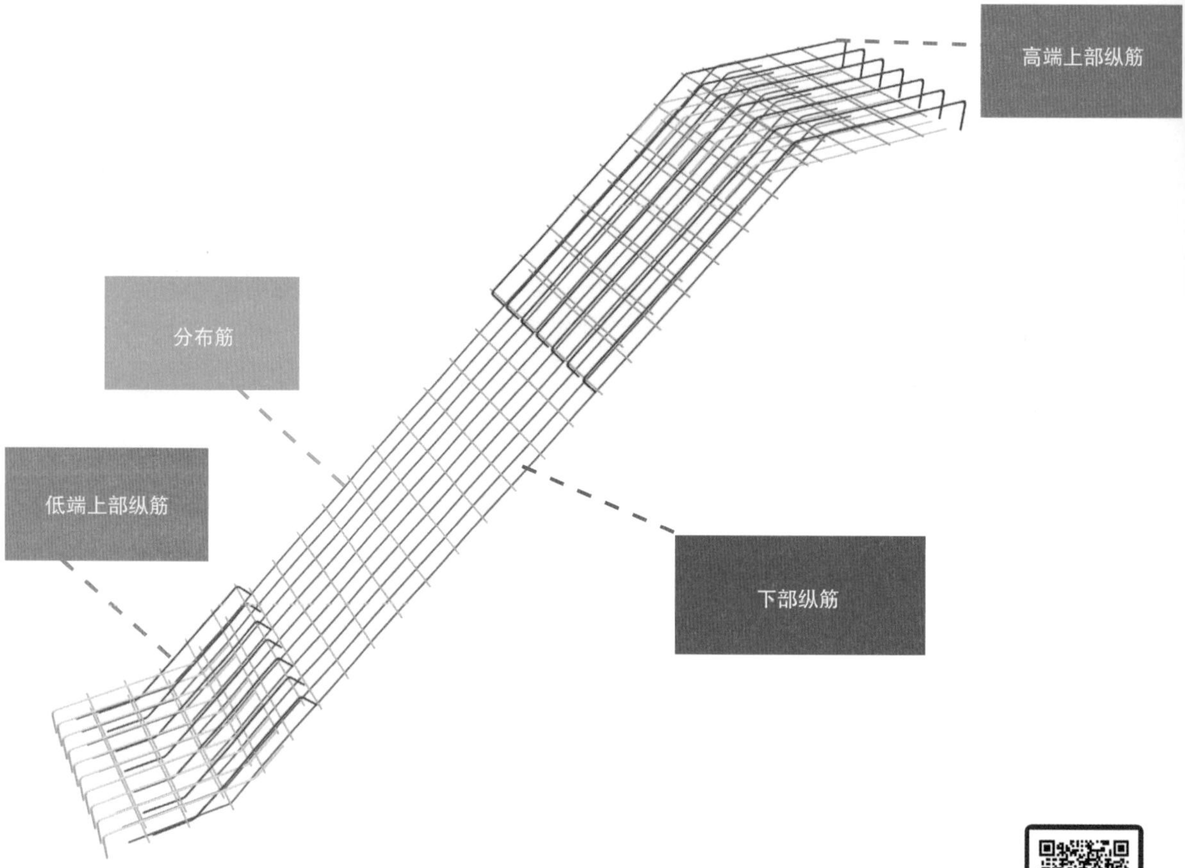

高端上部纵筋

分布筋

低端上部纵筋

下部纵筋

（b）构造（二）

图3-33　DT型楼梯钢筋构造

DT楼梯钢筋构造

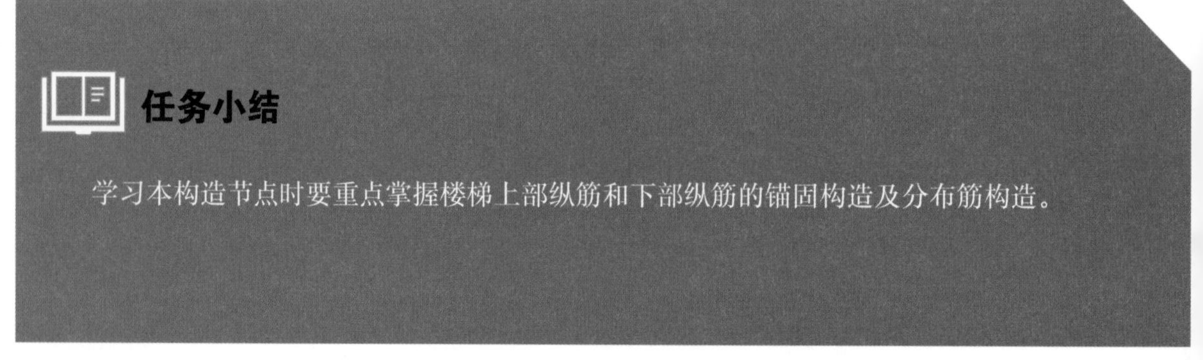

任务小结

学习本构造节点时要重点掌握楼梯上部纵筋和下部纵筋的锚固构造及分布筋构造。

楼梯构造识读实践案例见表3-28。楼梯构造识读实践提高见表3-29。楼梯构造识读实践拓展见表3-30。

表3-28　楼梯构造识读实践案例

实践要求：

根据给出的楼梯平法施工图，绘制楼梯BT2的纵向透视图

楼梯平法施工图：

已知：抗震等级为三级，混凝土强度等级为C30，梯梁截面300mm×400mm，其他信息见下图

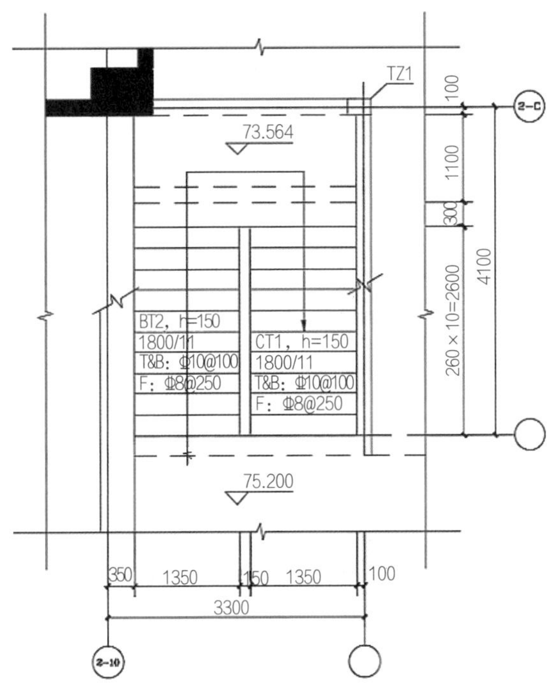

案例答案：

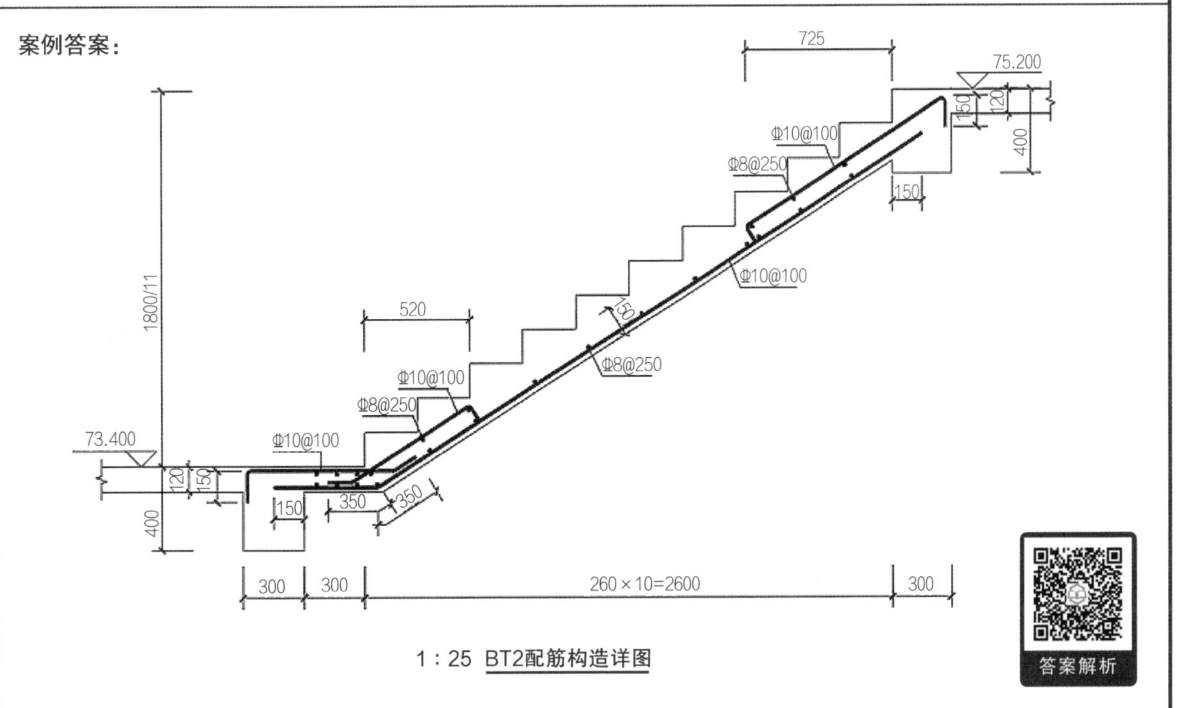

1：25 BT2配筋构造详图

表3-29　楼梯构造识读实践提高

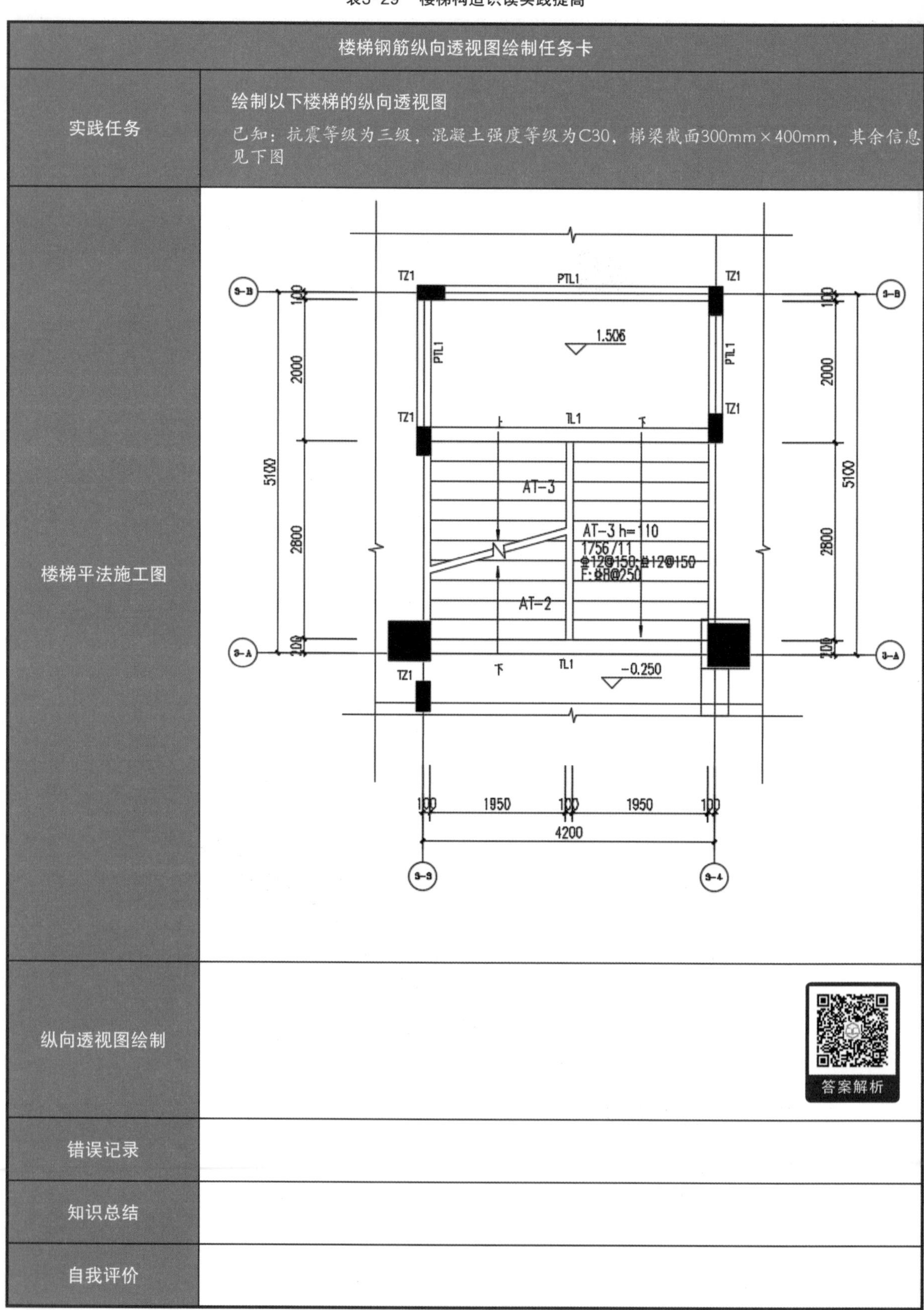

楼梯钢筋纵向透视图绘制任务卡	
实践任务	绘制以下楼梯的纵向透视图 已知：抗震等级为三级，混凝土强度等级为C30，梯梁截面300mm×400mm，其余信息见下图
楼梯平法施工图	
纵向透视图绘制	
错误记录	
知识总结	
自我评价	

拓展要求：对教师指定图纸中的楼梯进行钢筋翻样。

表3-30 楼梯构造识读实践拓展

楼梯钢筋翻样卡				
钢筋名称	钢筋编号	钢筋代号	钢筋数量	钢筋形状及尺寸
下部纵筋1				
下部纵筋2				
上部纵筋1				
上部纵筋2				
上部纵筋2				
分布筋				
长度及根数计算过程				

知识拓展

任务3.5

团体实操任务

3.5.1 柱纵向钢筋在基础中构造绑扎实操

（1）任务描述。根据相关任务要求及操作流程，对柱纵向钢筋在基础中的构造（图3-34）进行平法应用技能实操。

（2）任务流程。任务实操流程见图2-18。

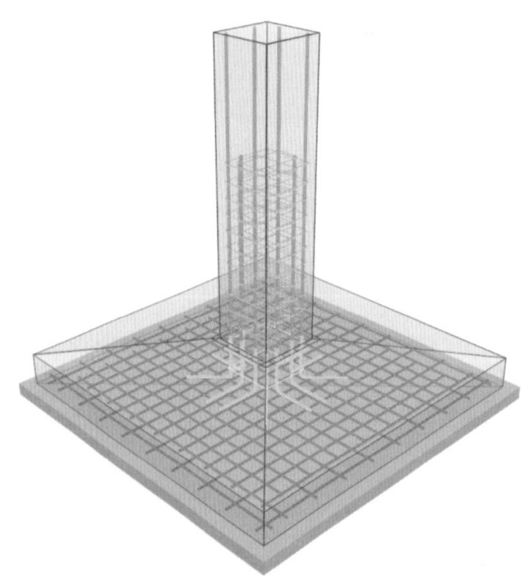

图3-34 柱纵向钢筋在基础中的构造

（3）任务知识点总结。通过对柱纵向钢筋在基础中构造节点的识图、钢筋工程量计算、配料单编制、方案编制、排布图绘制、钢筋绑扎安装等子任务的实施，加深对独立基础和柱基础插筋的钢筋构造理解，并掌握绑扣及间距控制等绑扎要点，锻炼钢筋施工管理技能。

3.5.2　框架角柱整体构造绑扎实操

（1）任务描述。根据相关任务要求及操作流程，对框架角柱整体构造（图3-35）进行平法应用技能实操。

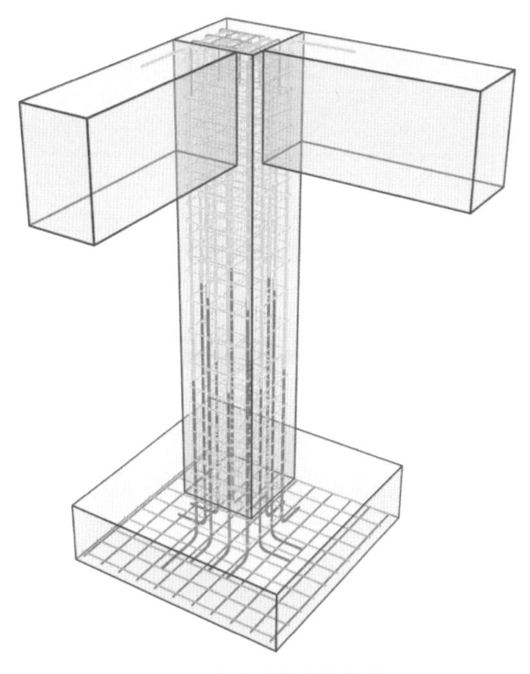

图3-35　框架角柱整体构造

（2）任务流程。任务实操流程见图2-18。

（3）任务知识点总结。通过对框架角柱整体构造的识图、钢筋工程量计算、配料单编制、方案编制、排布图绘制、钢筋绑扎安装等子任务的实施，加深对独立基础和角柱的钢筋构造理解，并掌握绑扣及间距控制等绑扎要点，锻炼钢筋施工管理技能。

3.5.3　楼层框架梁与边柱相交钢筋构造绑扎实操

（1）任务描述。根据相关任务要求及操作流程，对楼层框架梁与边柱相交钢筋构造（图3-36）进行平法应用技能实操。

（2）任务流程。任务实操流程见图2-18。

（3）任务知识点总结。通过对楼层框架梁与边柱相交构造节点的识图、钢筋工程量计算、配料单编制、方案编制、排布图绘制、钢筋绑扎安装等子任务的实施，加深对框架柱和楼层框架梁的钢筋构造理解，并掌握绑扣及间距控制等绑扎要点，锻炼钢筋施工管理技能。

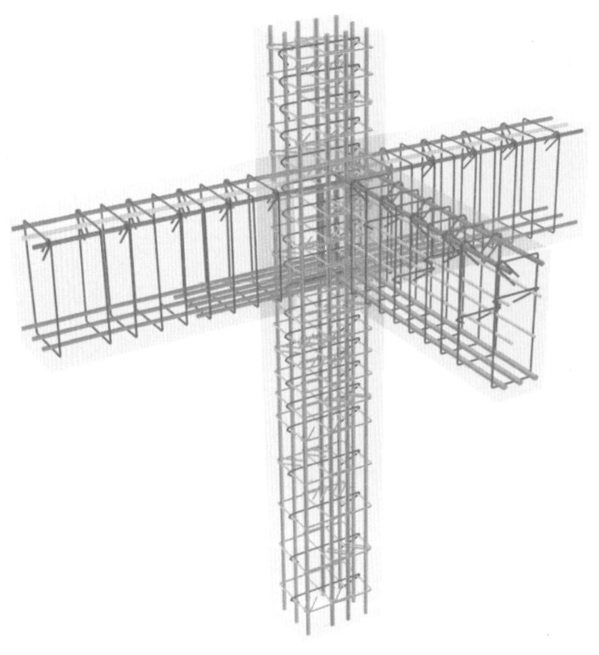

图3-36 楼层框架梁与边柱相交钢筋构造

3.5.4 抗震楼层框架梁钢筋构造绑扎实操

（1）任务描述。根据相关任务要求及操作流程，对抗震楼层框架梁钢筋构造（图3-37）进行平法应用技能实操。

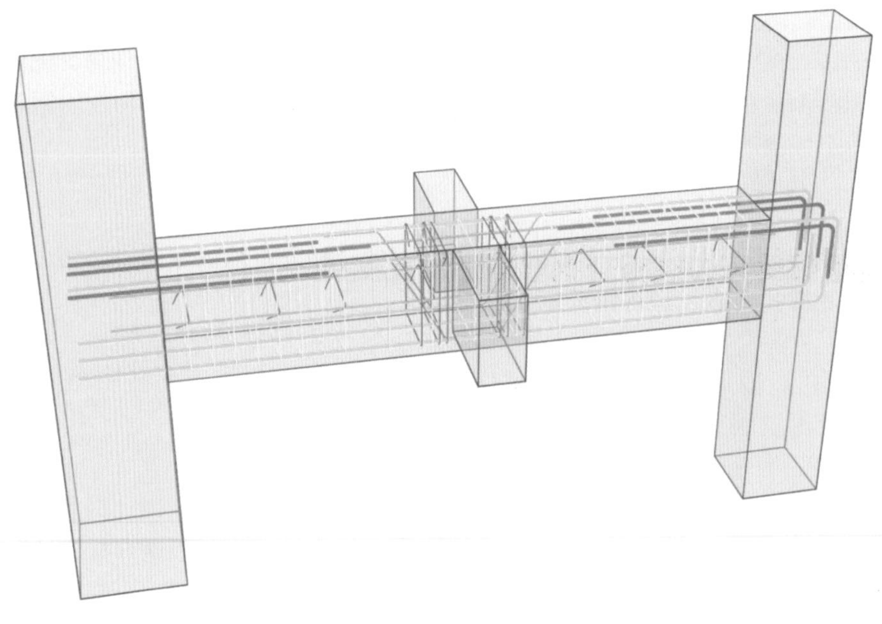

图3-37 抗震楼层框架梁钢筋构造

（2）任务流程。任务实操流程见图2-18。

（3）任务知识点总结。通过对抗震楼层框架梁构造的识图、钢筋工程量计算、配料单编制、方案编制、排布图绘制、钢筋绑扎安装等子任务的实施，加深对楼层框架梁的钢筋构造理解，并掌握绑扣及间距控制等绑扎要点，锻炼钢筋施工管理技能。

3.5.5 梁的悬挑端配筋构造绑扎实操

（1）任务描述。根据相关任务要求及操作流程，对梁的悬挑端钢筋构造（图3-38）进行平法应用技能实操。

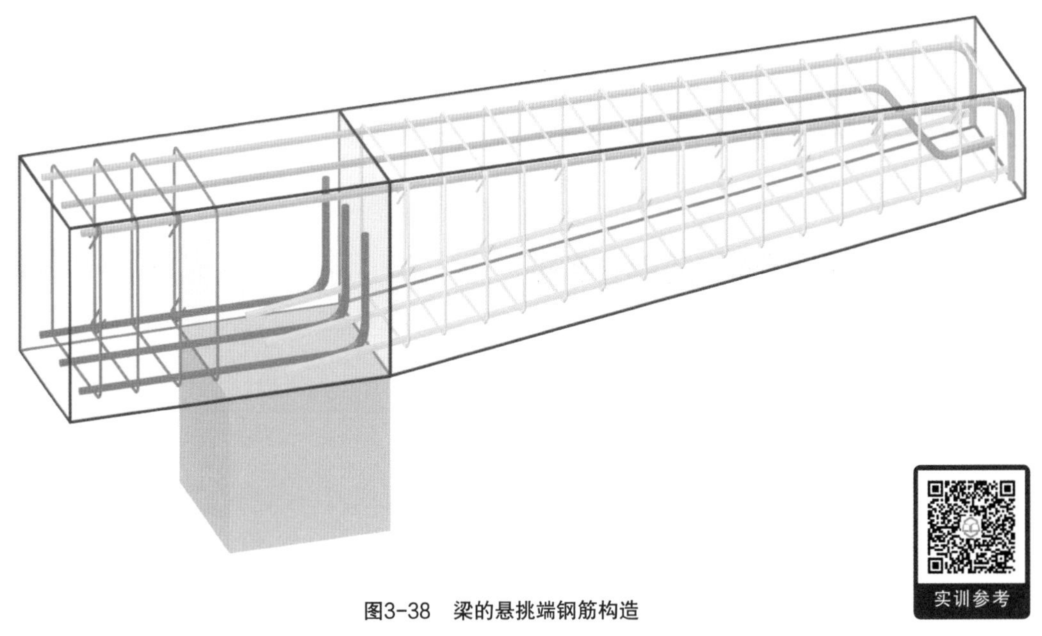

图3-38 梁的悬挑端钢筋构造

实训参考

（2）任务流程。任务实操流程见图2-18。

（3）任务知识点总结。通过对梁的悬挑端构造节点的识图、钢筋工程量计算、配料单编制、方案编制、排布图绘制、钢筋绑扎安装等子任务的实施，加深对悬挑梁的钢筋构造理解，并掌握绑扣及间距控制等绑扎要点，锻炼钢筋施工管理技能。

3.5.6 整体板构造绑扎实操

（1）任务描述。根据相关任务要求及操作流程，对整体板钢筋构造（图3-39）进行平法应用技能实操。

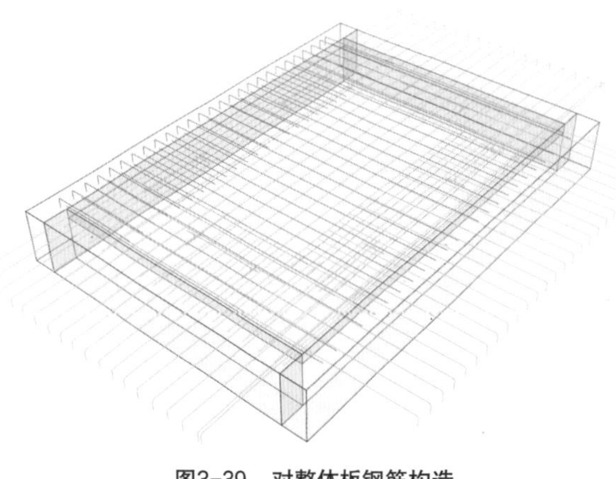

图3-39　对整体板钢筋构造

实训参考

（2）任务流程。任务实操流程见图2-18。

（3）任务知识点总结。通过对整体板构造的识图、钢筋工程量计算、配料单编制、方案编制、排布图绘制、钢筋绑扎安装等子任务的实施，加深对有梁楼盖板的钢筋构造理解，并掌握绑扣及间距控制等绑扎要点，锻炼钢筋施工管理技能。

3.5.7　DT型楼梯板配筋构造绑扎实操

（1）任务描述。根据相关任务要求及操作流程，对DT型楼梯板钢筋构造（图3-40）进行平法应用技能实操。

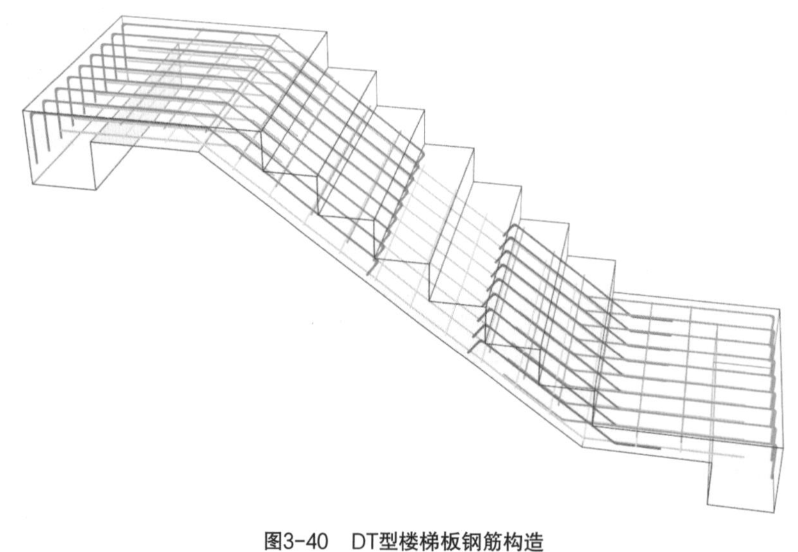

图3-40　DT型楼梯板钢筋构造

（2）任务流程。任务实操流程见图2-18。

（3）任务知识点总结。通过对DT型楼梯构造的识图、钢筋工程量计算、配料单编制、方案编制、排布图绘制、钢筋绑扎安装等子任务的实施，加深对楼梯的钢筋构造理解，并掌握绑扣及间距控制等绑扎要点，锻炼钢筋施工管理技能。

项目4

剪力墙结构主体识读

项目概述

剪力墙结构是现行应用较广的钢筋混凝土结构体系。结构施工图相对其他结构类型复杂性较高。但基本的组成构件就是剪力墙柱、剪力墙梁、剪力墙身、板、楼梯，在项目3中我们已经进行了板和楼梯的学习，本项目不再赘述。在学习剪力墙结构施工图时，依据图集和规范对实际项目中的基本构件进行归类精细讲解，并且示范绘制各类筋的翻样图，通过填写钢筋翻样卡，能够熟练识读结构施工图。

思政案例——一起严重违法和违章引起的事故

2022年9月16日，在湖北某小区中，有人拆了住房二层的承重墙，准备强行改成公寓，施工过程十分野蛮，小挖机、水锯齐上阵，部分剪力墙被完全切断。打洞机和切割片进场，进行拆除承重墙。施工没多久，住户反映2-20层楼道先后出现了大量裂缝，且有持续增多的局势，如图4-1所示。

图4-1　湖北某小区违法改建现场

承重墙基本已经切断了，还没来得及拆卸下来，楼上已经出现裂缝预警，如果将断墙拆除下来，上部结构没有支撑，后果不堪设想。墙面出现了大量裂缝，而且裂缝还在增加，令人害怕，居民住得十分不安。

任务4.1

剪力墙柱结构施工图识读

任务目标

知识目标：掌握剪力墙柱的截面注写和列表注写平法规则知识；掌握构造类和约束类剪力墙柱的不同及应用知识；掌握剪力墙柱识读实践翻样卡填写内容及方法知识。

技能目标：具备将剪力墙柱的列表注写和截面注写进行相互转化的能力；具备区别剪力墙柱与框架柱的相似与不同处的能力；具备补绘剪力墙柱横断面及纵向透视力图的能力；具备填剪力墙柱钢筋翻样卡用于确定钢筋级别、直径、数量、形状、尺寸的能力。

思政目标：培养学生善于类比、查找核心不同的素质。

问题引导

制图规则：

① 剪力墙柱有哪些种类？各自的编号是什么？

② 剪力墙柱有哪几种注写的方式？

构造详图：

构造边缘构件和约束边缘构件钢筋构造有哪些区别？

墙柱的分类

4.1.1　剪力墙柱平法规则识读

4.1.1.1 剪力墙柱的类型

剪力墙柱分为约束边缘构件、构造边缘构件、非边缘暗柱和扶壁柱，具体见表4-1。

表4-1　剪力墙柱的类型

墙柱类型	代号	序号
约束边缘构件	YBZ	××
构造边缘构件	GBZ	××
非边缘暗柱	AZ	××
扶壁柱	FBZ	××

4.1.1.2 剪力墙柱平法施工图表示方法

剪力墙柱平法施工图的表示方法（图4-2），可采用列表注写方式或截面注写方式，也可两种形式结合注写，列表注写方式的注写值应与在表中绘制的截面配筋图对应一致。

注写示例如图4-3所示。

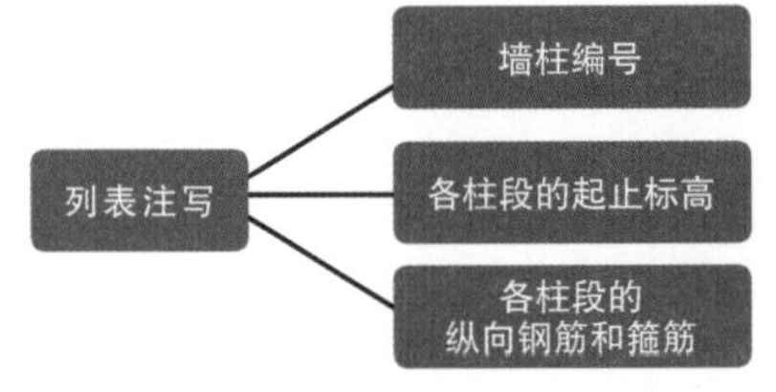

图4-2　剪力墙柱平法施工图的表示方法

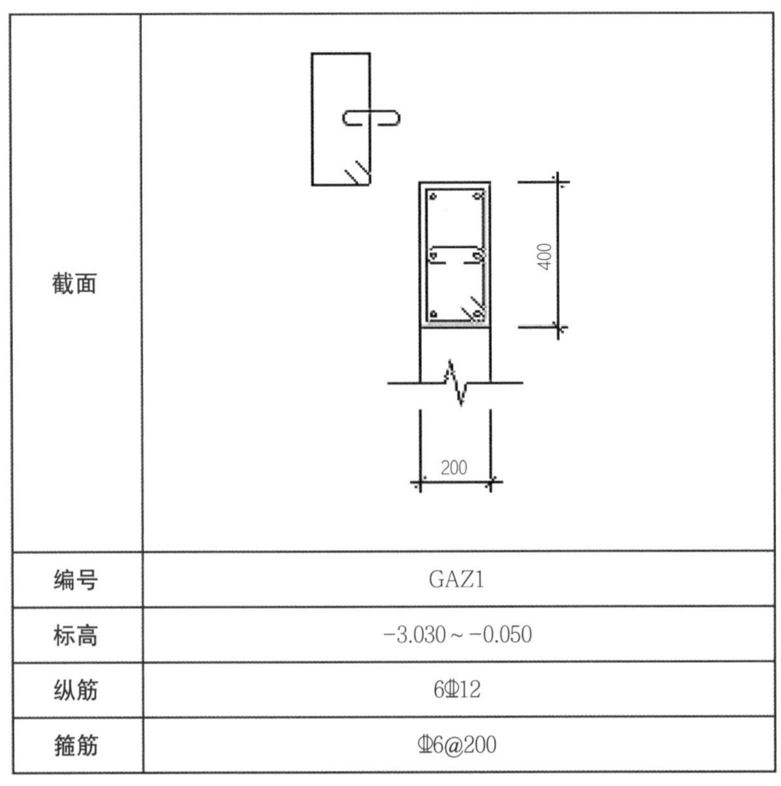

截面	400 200
编号	GAZ1
标高	−3.030～−0.050
纵筋	6Φ12
箍筋	Φ6@200

图4-3　注写示例

任务小结

学习本小节任务时要重点、准确地理解平法原理；掌握列表注写和截面注写各项的含义；能够准确绘制出基本截面的断面图，并绘制完整的信息，包括横断面尺寸、纵筋、箍筋以及其他钢筋的信息。

剪力墙柱的平法识读首先要掌握平法规则。规则识读的准确性直接关系到识读结构图的质量。我们需要通过大量的实践去掌握不同剪力墙柱的钢筋翻样，来确定构件中不同钢筋的信息。

剪力墙柱平法识读实践案例见表4-2。剪力墙柱平法识读实践提高见表4-3。

表4-2　剪力墙柱平法识读实践案例

实践要求：

根据给出的剪力墙柱截面，转换为列表注写方式

平法施工图：

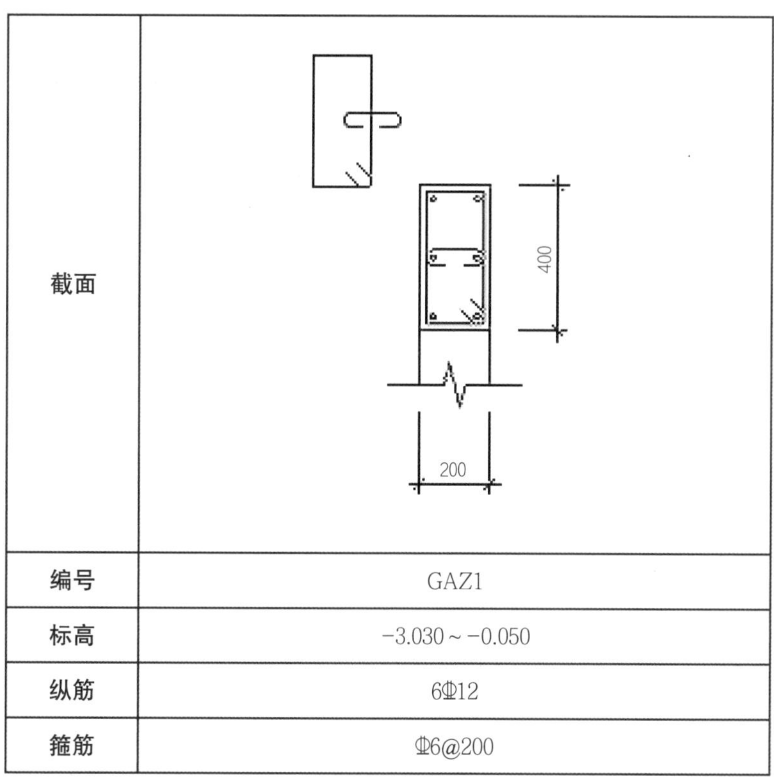

案例答案：

编号	标高	纵筋	箍筋
GAZ1	−3.030～−0.050	6Φ12	Φ6@200

表4-3　剪力墙柱平法识读实践提高

<table>
<tr><th colspan="2">剪力墙柱平法施工图的表示方法转换任务卡</th></tr>
<tr><td>实践任务</td><td>将下列截面注写方式的柱转换为列表注写方式</td></tr>
<tr><td>剪力墙柱平法施工图</td><td>
<table>
<tr><td>截面</td><td> 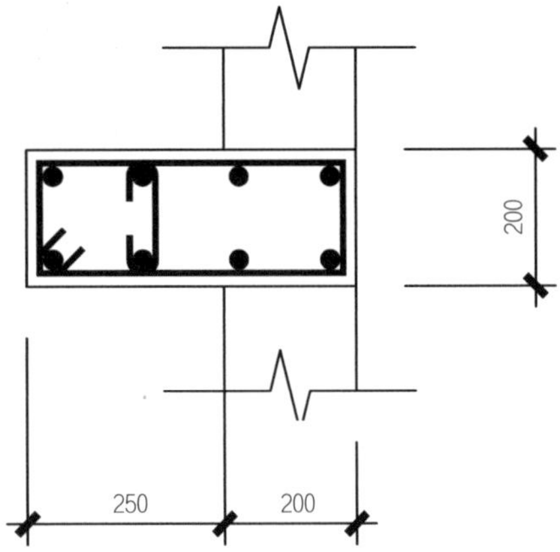200
250　200</td></tr>
<tr><td>编号</td><td>GYZ2</td></tr>
<tr><td>标高</td><td>8.600～75.400</td></tr>
<tr><td>纵筋</td><td>8Φ12</td></tr>
<tr><td>箍筋/拉筋</td><td>Φ8@200</td></tr>
</table>
</td></tr>
<tr><td>列表注写转换</td><td>答案解析</td></tr>
<tr><td>错误记录</td><td></td></tr>
<tr><td>知识总结</td><td></td></tr>
<tr><td>自我评价</td><td></td></tr>
</table>

4.1.2　约束边缘构件平法构造识读

4.1.2.1 钢筋分类

约束边缘构件钢筋的分类如图4-4所示。

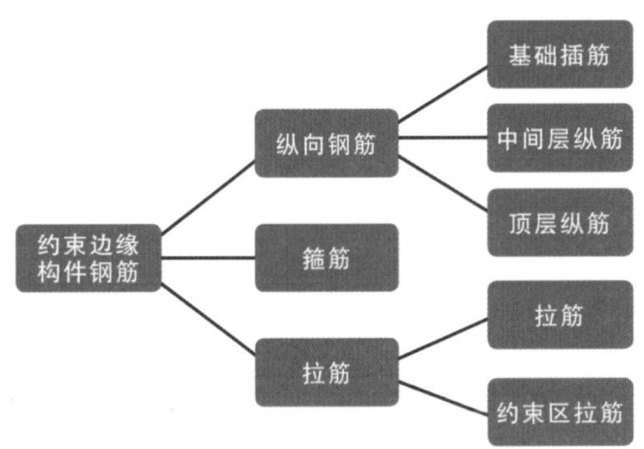

图4-4　约束边缘构件钢筋的分类

4.1.2.2 钢筋构造

约束边缘构件钢筋构造如图4-5所示。纵筋构造如图4-6所示。箍筋和拉筋构造如图4-7所示。

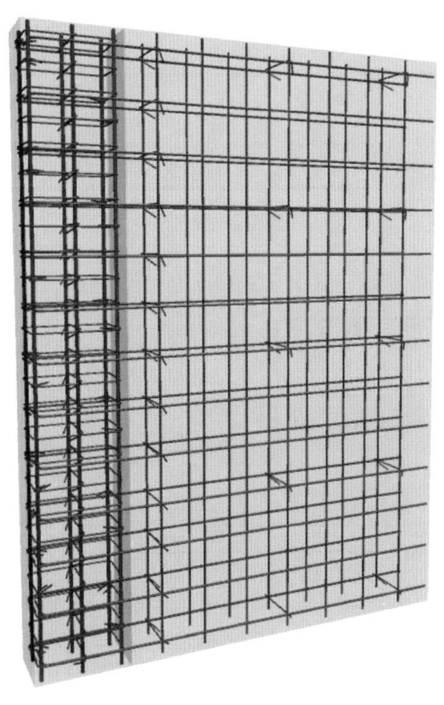

图4-5　约束边缘构件钢筋构造

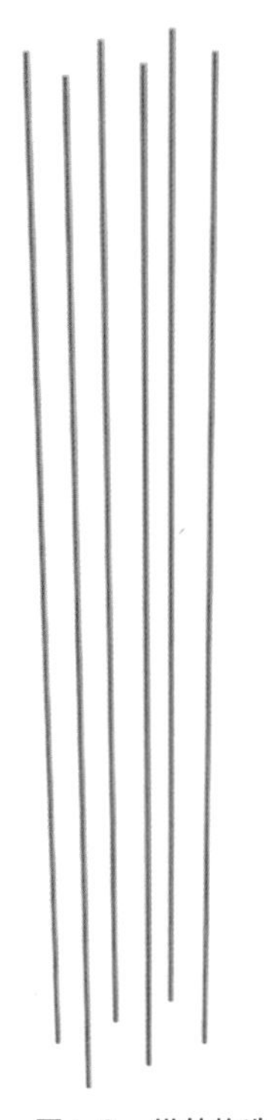

图4-6　纵筋构造

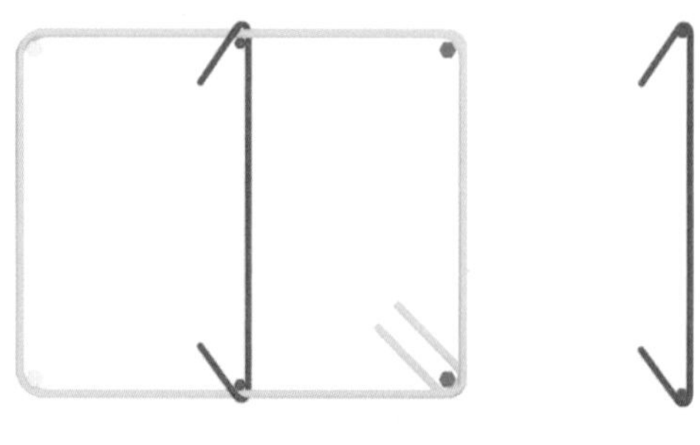

图4-7　箍筋和拉筋构造

任务小结

学习本小节任务时要重点、准确地理解剪力墙中约束类构件和构造类构件的区别；掌握墙柱纵向钢筋最下端与最上端的锚固类型；掌握中间层钢筋连接的参数要求；通过绘制纵向钢筋透视图，能够准确表达出各类墙柱完整的纵向信息，包括墙柱纵筋形状与尺寸、箍筋以及其他钢筋位置、数量、形式等信息。

剪力墙柱构造识读实践案例见表4-4。剪力墙柱构造识读实践提高见表4-5。剪力墙柱构造识读实践拓展见表4-6。

表4-4　剪力墙柱构造识读实践案例

实践要求：

绘制以下剪力墙柱的纵向透视图

已知：抗震等级为三级，混凝土强度等级为C30，筏板基础厚度800mm，基础顶标高−0.050m

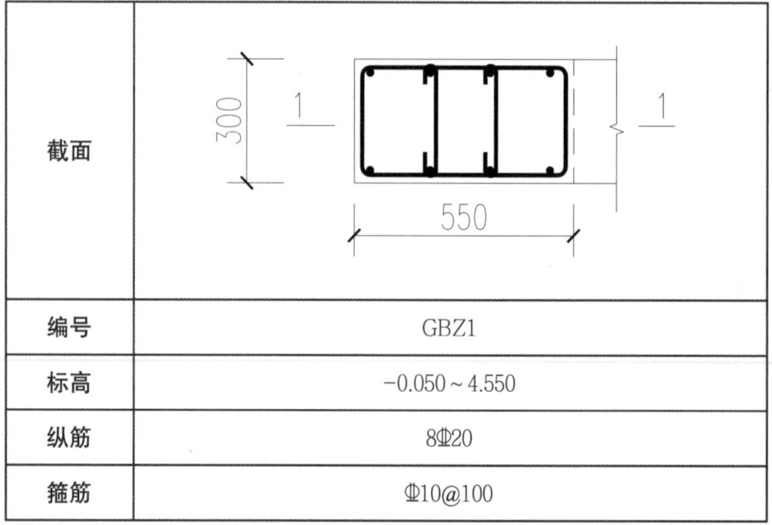

截面	
编号	GBZ1
标高	−0.050～4.550
纵筋	8Φ20
箍筋	Φ10@100

续表

案例答案：

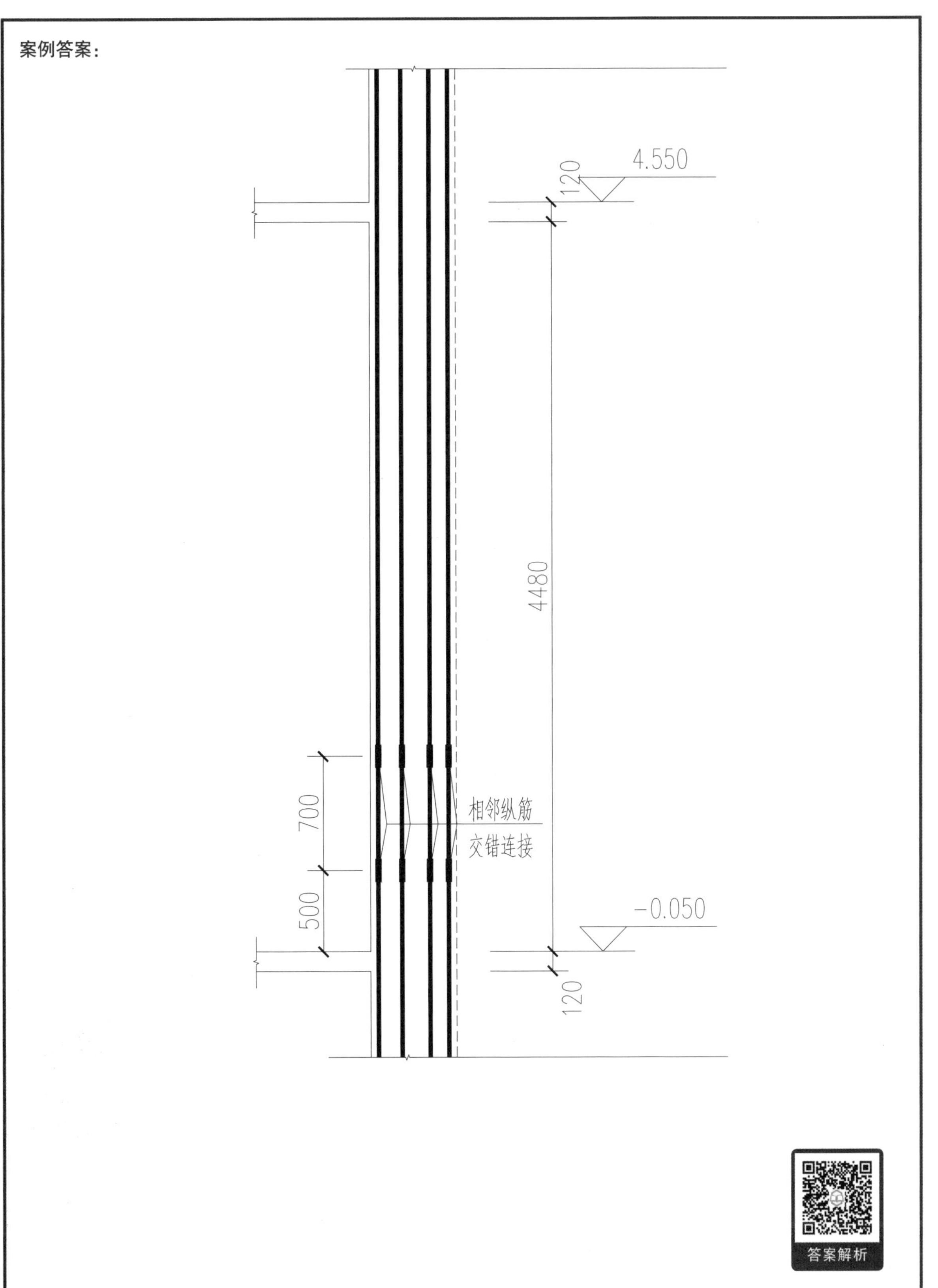

表4-5　剪力墙柱构造识读实践提高

<table>
<tr><td colspan="2">剪力墙柱纵向透视图绘制任务卡</td></tr>
<tr><td>实践任务</td><td>绘制以下柱的纵向透视图
已知：抗震等级为三级，混凝土强度等级为C30，筏板基础厚度1000mm，基础顶标高−0.050m
绘制内容：绘制柱纵剖图；对于柱纵筋仅绘制角筋进行示意；柱在基础内的箍筋；柱箍筋加密区范围及约束区拉筋</td></tr>
<tr><td>剪力墙柱平法施工图</td><td><table>
<tr><td>截面</td><td> 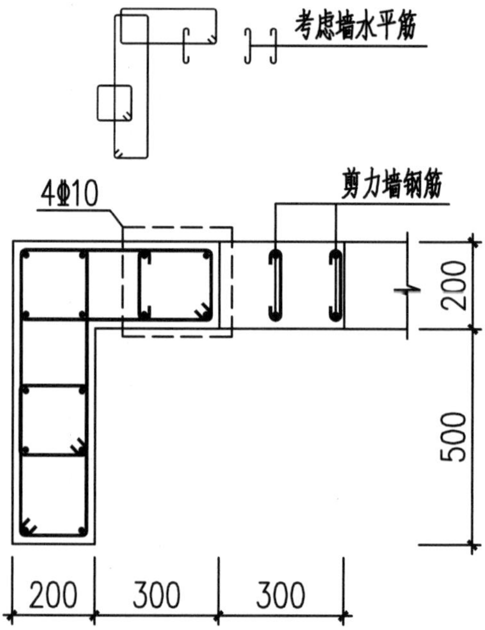考虑墙水平筋
4Φ10
剪力墙钢筋
200
500
200　300　300</td></tr>
<tr><td>编号</td><td>YBZ1</td></tr>
<tr><td>标高</td><td>19.650～21.700</td></tr>
<tr><td>纵筋</td><td>10Φ16+4Φ10</td></tr>
<tr><td>箍筋/拉筋</td><td>Φ8@100</td></tr>
</table></td></tr>
<tr><td>纵向透视图绘制</td><td>答案解析</td></tr>
<tr><td>错误记录</td><td></td></tr>
<tr><td>知识总结</td><td></td></tr>
<tr><td>自我评价</td><td></td></tr>
</table>

拓展要求：对教师指定图纸中的剪力墙柱进行钢筋翻样。

表4-6　剪力墙柱构造识读实践拓展

剪力墙柱钢筋翻样卡				
钢筋名称	钢筋编号	钢筋代号	钢筋数量	钢筋形状及尺寸
纵筋				
箍筋				
约束区拉筋				
其他钢筋				
长度及根数计算过程				

任务4.2 剪力墙身结构施工图识读

任务目标

知识目标：掌握剪力墙身的截面注写和列表注写平法规则知识；掌握剪力墙身水平筋、竖筋以及拉筋的构造要求知识；掌握剪力墙身识读实践翻样卡填写内容及方法知识。

技能目标：具备绘制纵向横向剪力墙身任一截面横断面信息的能力；具备填剪力墙身钢筋翻样卡用于确定剪力墙身横向、纵向钢筋以及拉筋的级别、直径、数量、形状、尺寸的能力。

思政目标：培养学生敏而好学、学以致用、善于人际沟通、组织协调的素质。

问题引导

制图规则：

剪力墙身有哪几种注写的方式？

构造详图：

① 剪力墙水平钢筋端部的钢筋构造有哪几种形式？

② 剪力墙身的水平筋的连接区是如何规定的？竖向非连接区如何确定？

剪力墙身的分类

4.2.1 剪力墙身平法规则识读

剪力墙身平法施工图的表示方法见图4-8，可采用列表注写方式或截面注写方式，列表注写方式的注写值应与在表中绘制的截面配筋图对应一致。

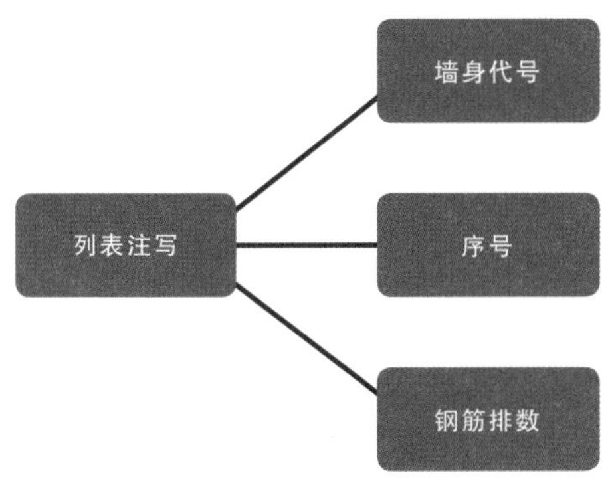

图4-8　剪力墙身平法施工图的表示方法

剪力墙身表注写示例如表4-7所示。

表4-7　剪力墙身表注写示例

编号	标高/m	墙厚/mm	水平分布筋	垂直分布筋	拉筋（矩形）
Q1	-0.030～30.270	300	Φ12@200	Φ12@200	Φ6@600@600
	30.270～59.070	250	Φ10@200	Φ10@200	Φ6@600@600
Q2	-0.030～30.270	250	Φ10@200	Φ10@200	Φ6@600@600
	30.270～59.070	200	Φ10@200	Φ10@200	Φ6@600@600

任务小结

学习本小节任务时要重点、准确地理解平法规则中关于排号数的概念；掌握列表注写和截面注写各项的含义；能够准确绘制出墙身任意横截面的断面图，并绘制完整的信息，包括横断面尺寸、水平筋、垂直筋以及拉筋的基本信息。

剪力墙的平法识读首先要掌握平法规则。规则识读的准确性直接关系到识读墙身结构施工图的质量。我们需要通过大量的实践去掌握不同剪力墙身的钢筋翻样，来确定构件中不同钢筋完整的信息。

剪力墙身平法识读实践案例见表4-8。剪力墙身平法识读实践提高见表4-9。

表4-8 剪力墙身平法识读实践案例

实践要求：

根据给出的剪力墙身表，转换为截面注写方式

平法施工图：

剪力墙身表（-1F）						
编号	标高	墙厚	水平分布筋	垂直分布筋	拉筋（梅花双向）	备注
Q1	−2.800～−0.100	300	Φ14@200	Φ14@200	Φ6@600@600	

案例答案：

Q1
墙厚：250
水平：Φ14@200
垂直：Φ14@200
拉筋：Φ6@600@600

表4-9　剪力墙身平法识读实践提高

剪力墙身平法规则实践任务卡	
实践任务	将下列剪力墙身的截面注写转换为列表注写方式
剪力墙身平法施工图	-0.050 300 室外 ② ⑦ ⑤ Φ6@300x260 梅花形布置 Φ20@130 ④ 6300 ②Φ16@150 ⑦Φ14@150 ② -6.330
列表注写转换	答案解析
错误记录	
知识总结	
自我评价	

4.2.2 剪力墙身平法构造识读

4.2.2.1 钢筋分类

剪力墙身钢筋的分类如图4-9所示。

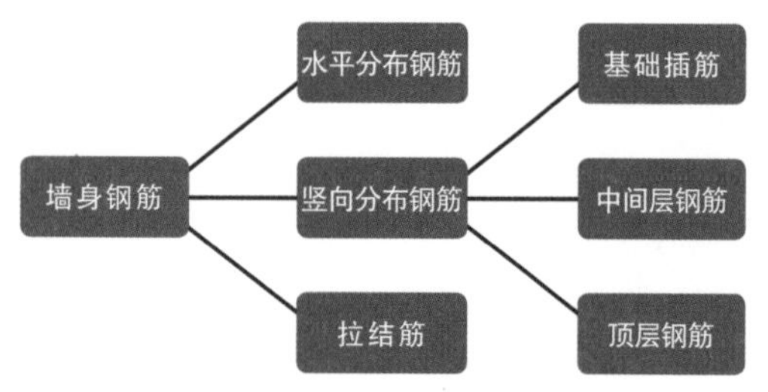

图4-9 剪力墙身钢筋的分类

4.2.2.2 钢筋构造

钢筋构造如图4-10所示。水平分布钢筋和竖向分布钢筋构造如图4-11所示。拉结筋构造如图4-12所示。

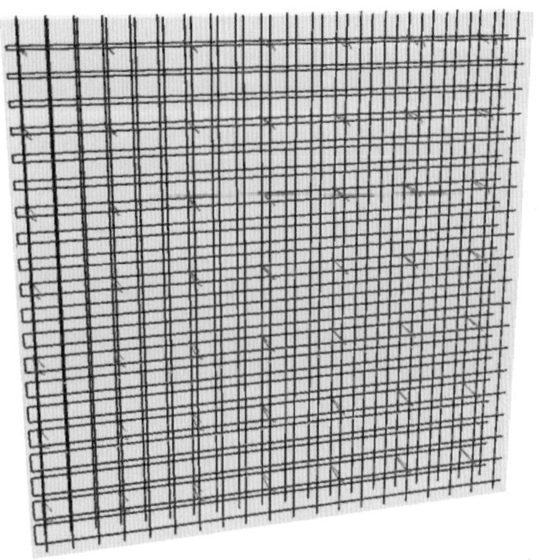

图4-10 钢筋构造

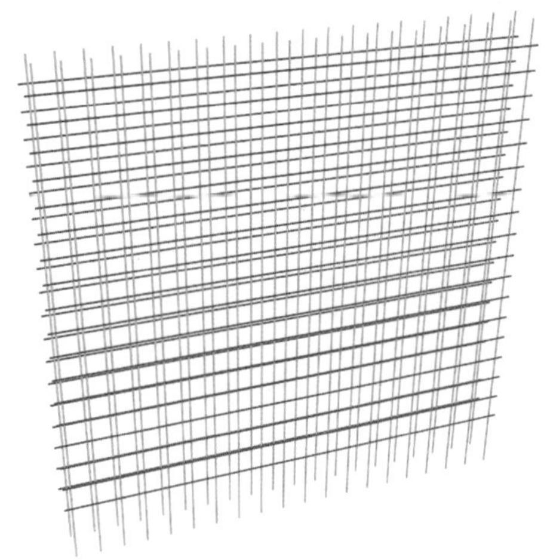

图4-11 水平分布钢筋和竖向分布钢筋构造

图4-12 拉结筋构造

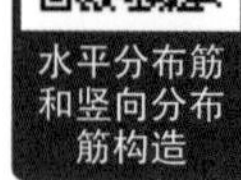

任务小结

学习本构造节点时要重点掌握剪力墙身水平分布筋、竖向分布筋构造及拉结筋构造。

剪力墙身构造识读实践案例见表4-10。剪力墙身构造识读实践提高见表4-11。剪力墙身构造识读实践拓展见表4-12。

表4-10　剪力墙身构造识读实践案例

实践要求：

绘制以下剪力墙柱的纵向透视图，包括基础内构造、竖向钢筋变截面处构造、竖向钢筋搭接构造和剪力墙身顶部构造

平法施工图：

已知：抗震等级为三级，混凝土强度等级为C30，绑扎连接，筏板基础，基础厚为800mm，楼板厚为120mm，基础顶标高为-5.600m；地下室顶板标高为-0.050m；屋面标高为68.600m

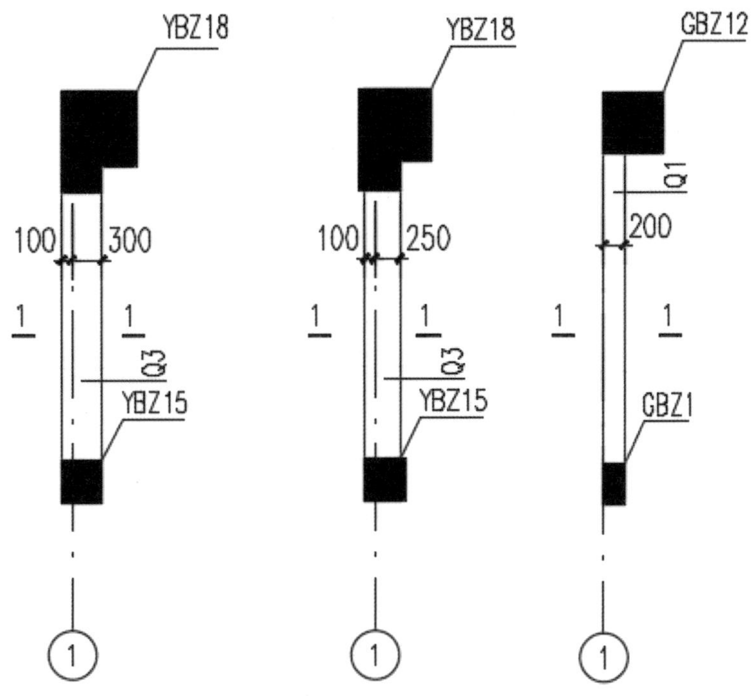

Q3	底板至顶板	400	Φ10@150	Φ10@150	Φ6@600
Q3	顶板～4.700	350	Φ10@150	Φ10@150	Φ6@600
Q3	50.600～68.600	200	Φ10@200	Φ10@200	Φ6@600

续表

案例答案：

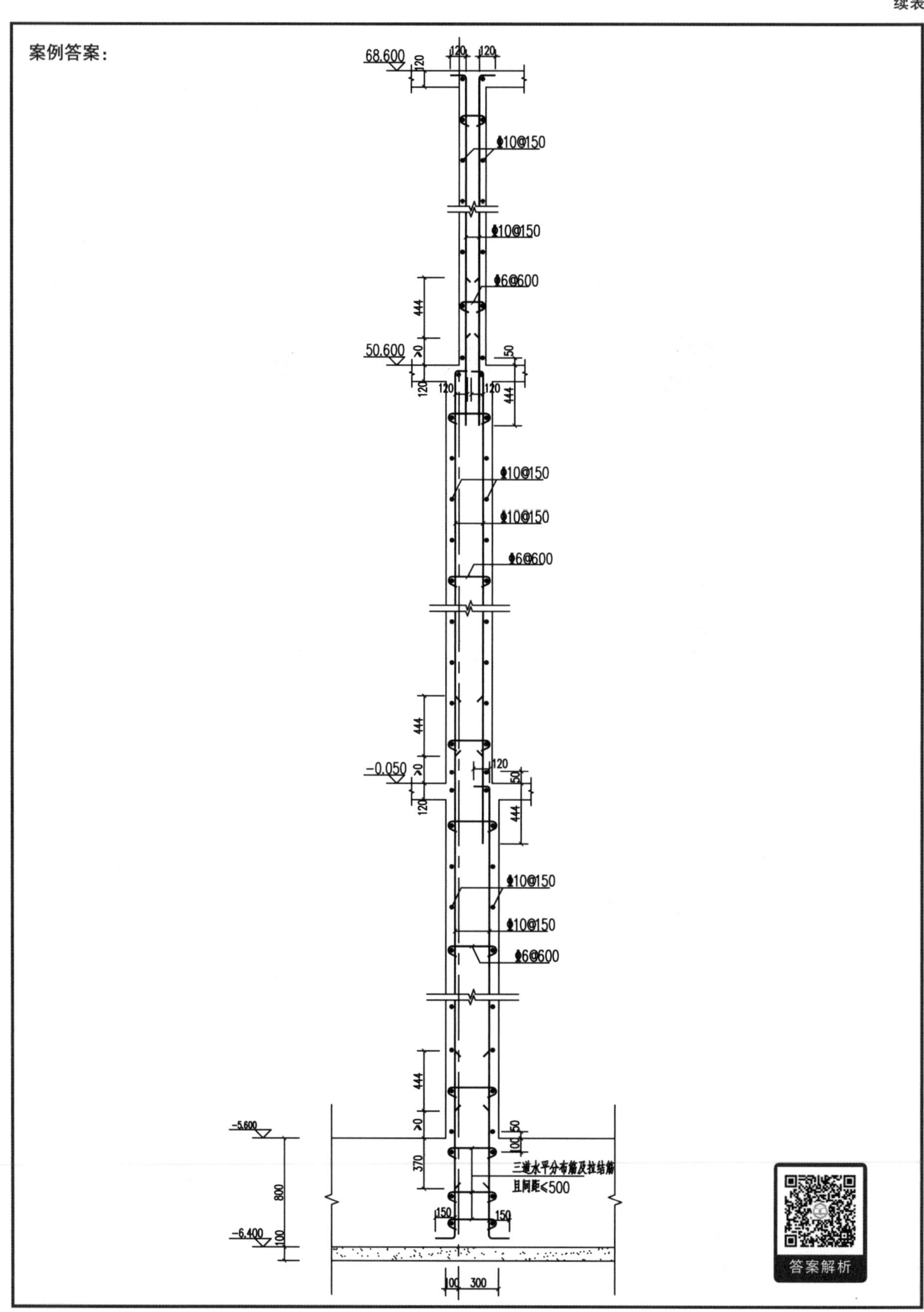

表4-11 剪力墙身构造识读实践提高

剪力墙身纵向透视图绘制任务卡	
实践任务	绘制以下剪力墙身的纵向透视图 已知：抗震等级为二级，混凝土强度等级为 C30，筏板基础厚度为800mm，基础顶标高为−2.800m，顶部板厚为120mm
剪力墙身平法施工图	见下表
纵向透视图绘制	答案解析
错误记录	
知识总结	
自我评价	

剪力墙身表（-1F）

编号	标高	墙厚	水平分布筋	垂直分布筋	拉筋（梅花双向）	备注
Q1	−2.800～−0.100	300	Φ14@200	Φ14@200	Φ6@600@600	

拓展要求：对教师指定图纸中的剪力墙进行钢筋翻样。

表4-12　剪力墙身构造识读实践拓展

剪力墙身钢筋翻样卡				
钢筋名称	钢筋编号	钢筋代号	钢筋数量	钢筋形状及尺寸
水平分布钢筋				
竖向分布钢筋				
拉结筋				
其他钢筋				
长度及根数计算过程				

任务4.3

剪力墙梁结构施工图识读

任务目标

知识目标：掌握剪力墙梁的截面注写和列表注写平法规则知识；掌握剪力墙梁中LL、AL、BKL横断面的绘制及不同的知识；掌握LL单洞口和双洞口楼面及屋顶纵向钢筋的锚固及链接构造知识；掌握剪力墙梁识读实践翻样卡填写内容及方法知识。

技能目标：具备绘制剪力墙梁中LL、AL、BKL横断面的能力；具备绘制连梁单洞口、双洞口楼层和顶层的纵向透视图的能力；具备填写剪力墙实践翻样卡的能力。

思政目标：培养学生具备学而不倦、锲而不舍的素质。

问题引导

制图规则：

① 剪力墙梁有哪些种类？各自的编号是什么？

② 剪力墙梁有哪几种注写的方式？

构造详图：

剪力墙梁在楼层和墙顶部位钢筋构造有哪些不同？

剪力墙梁的分类

4.3.1 剪力墙梁平法规则识读

4.3.1.1 剪力墙梁的类型

剪力墙梁分为连梁、暗梁和边框梁，具体见表4-13。

表4-13 剪力墙梁的类型

墙梁类型	代号	序号
连梁	LL	××
连梁（跨高比不小于5）	LLk	××
连梁（对角暗撑配筋）	LL（JC）	××
连梁（对角斜筋配筋）	LL（JX）	××
连梁（集中对角斜筋配筋）	LL（DX）	××
暗梁	AL	××
边框梁	BKL	××

4.3.1.2 剪力墙梁平法施工图的表示方法

剪力墙梁平法施工图的表示方法（图4-13），可采用列表注写方式或截面注写方式。剪力墙连梁配筋表列表示例如表4-14所示。

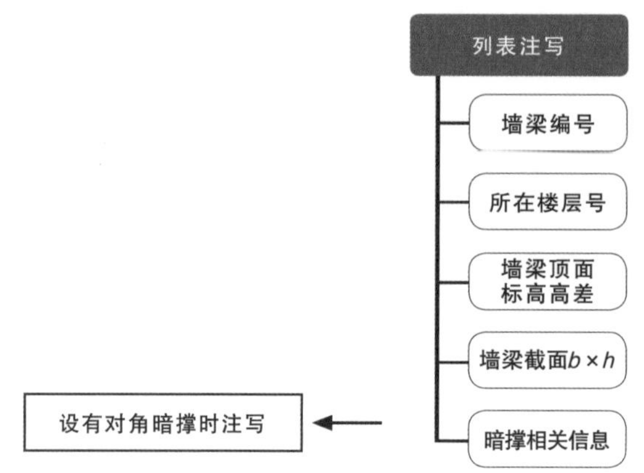

图4-13　剪力墙梁平法施工图的表示方法

表4-14　剪力墙连梁配筋表列表示例

编号	所在楼层号	梁顶相对标高高差	梁截面 $b\times h$/mm	上部纵筋	下部纵筋	箍筋	侧面纵筋（两侧）
LL1	1～2		200×400	2Φ18	2Φ18	Φ8@100（2）	同Q1水平分布筋
LL2	1～2		200×400	3Φ16	3Φ16	Φ8@100（2）	同Q1水平分布筋

任务小结

学习本小节任务时要重点、准确地理解剪力墙梁的特点以及平法表达与框架梁的相同与不同之处；掌握剪力墙梁的列表注写和截面注写各项值的含义；通过学习能准确绘制剪力墙梁任意位置的横断面图，并表达出完整的信息，包括截面尺寸（$b\times h$）、上部通筋、下部通筋、构造腰筋、箍筋、拉筋等的位置、级别、直径、数量。

剪力墙梁的平法识读首先要读懂平法规则。读懂编号、层高、层号和各类钢筋的位置关系。我们需要通过大量的实践去掌握不同剪力墙梁的钢筋翻样，来确定构件中各种钢筋的基本信息。

连梁平法识读实践案例见表4-15。连梁平法识读实践提高见表4-16。

表4-15　连梁平法识读实践案例

实践要求：

根据给出的列表注写绘制剪力墙梁的横断面

平法施工图：

已知某剪力墙梁LL1信息如下表所示，同侧Q1信息为C12@200，请绘制此剪力墙梁的横断面，标注清楚相关信息

剪力墙连梁配筋表							
编号	所在楼层号	梁顶相对标高高差	梁截面 $b \times h$/mm	上部纵筋	下部纵筋	箍筋	侧面纵筋（两侧）
LL1	1～2		200×400	2Φ18	2Φ18	Φ8@100（2）	同Q1水平分布筋

案例答案：

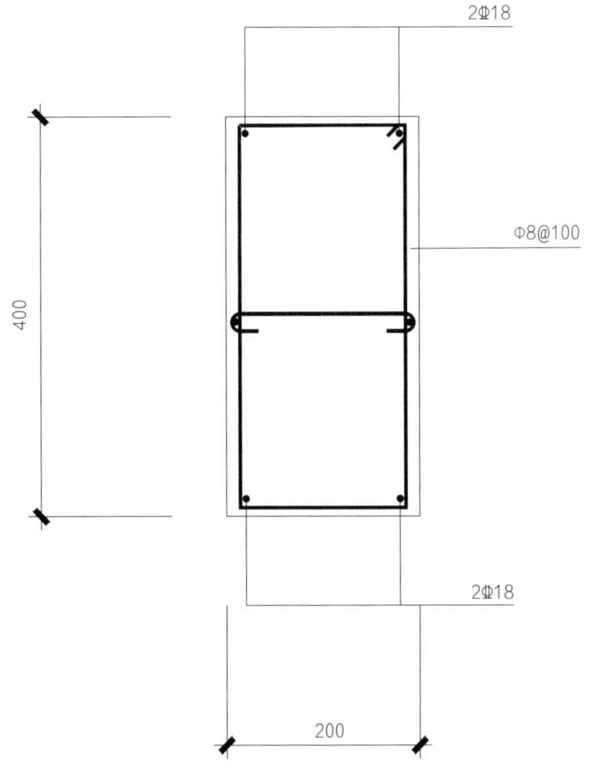

表4-16 连梁平法识读实践提高

<table>
<tr><th colspan="2">连梁钢筋注写方式转换任务卡</th></tr>
<tr><td>实践任务</td><td>根据给出的列表注写，绘制剪力墙梁的横断面</td></tr>
<tr><td>剪力墙梁平法施工图</td><td>
<table>
<tr><th>连梁编号</th><th>净跨/mm</th><th>层数（梁顶标高）</th><th>梁截面 $b\times h$/mm</th><th>上部纵筋</th><th>下部纵筋</th><th>侧面纵筋</th><th>箍筋</th></tr>
<tr><td>LL1</td><td>900</td><td>16～25（H）</td><td>200×400</td><td>2Φ14</td><td>2Φ14</td><td>Φ10@200</td><td>Φ8@100（2）</td></tr>
</table>
</td></tr>
<tr><td>横断面绘制</td><td>答案解析</td></tr>
<tr><td>错误记录</td><td></td></tr>
<tr><td>知识总结</td><td></td></tr>
<tr><td>自我评价</td><td></td></tr>
</table>

4.3.2　连梁平法构造识读

4.3.2.1 钢筋分类

连梁的钢筋分类如图4-14所示。

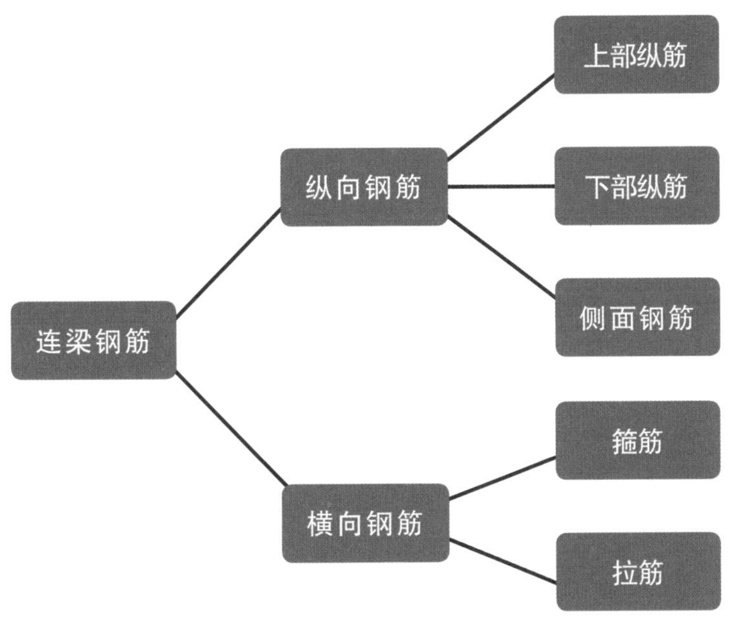

图4-14　连梁的钢筋分类

4.3.2.2 钢筋构造

连梁钢筋构造如图4-15所示。上部纵筋、下部纵筋和箍筋构造如图4-16所示。

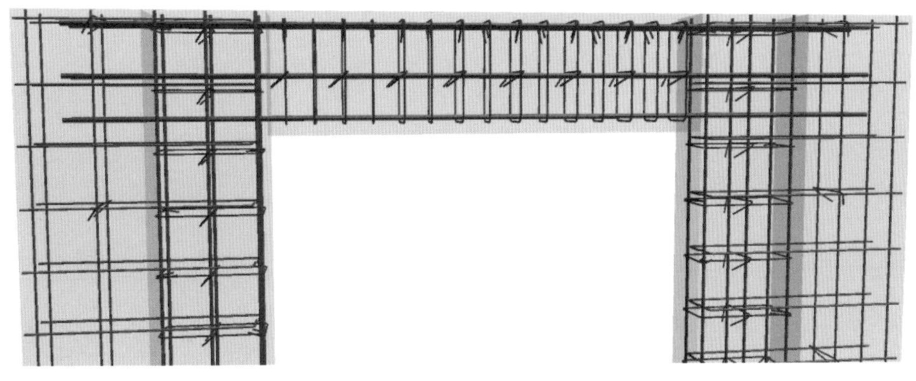

图4-15　连梁钢筋构造

图4-16 上部纵筋、下部纵筋和箍筋构造

任务小结

学习本构造节点时要重点掌握LL楼层及墙顶部分、LLK的构造要点。掌握单洞口、多洞口钢筋构造区别。

连梁的平法构造主要是要掌握连梁纵向在支座中的锚固要求，在明确钢筋级别、直径、位置、数量的基础上进一步确定钢筋的形状以及尺寸，并从施工的角度考虑钢筋的排布情况。构造结点识读及选择的准确性对识读结构图及钢筋工程起到非常重要的作用。我们需要通过大量的梁钢筋纵向透视图翻样实践，来确定构件中各种钢筋的信息。

连梁构造识读实践案例见表4-17。连梁构造识读实践提高见表4-18。连梁构造识读实践拓展见表4-19。

表4-17　连梁构造识读实践案例

实践要求：

绘制19.350～38.350m处连梁纵剖图

已知：抗震等级为三级，混凝土强度等级为C30，楼板厚为120mm

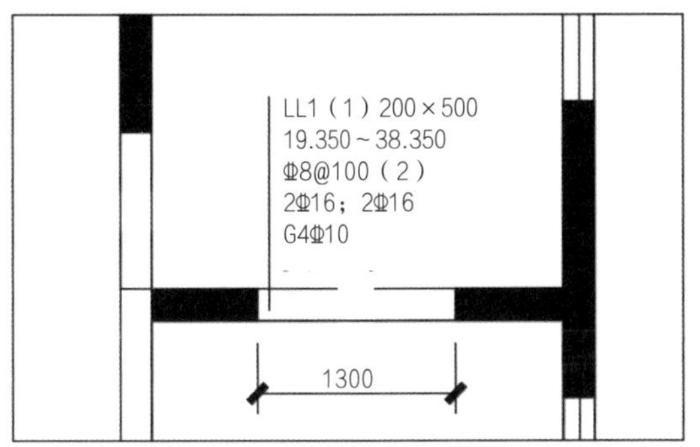

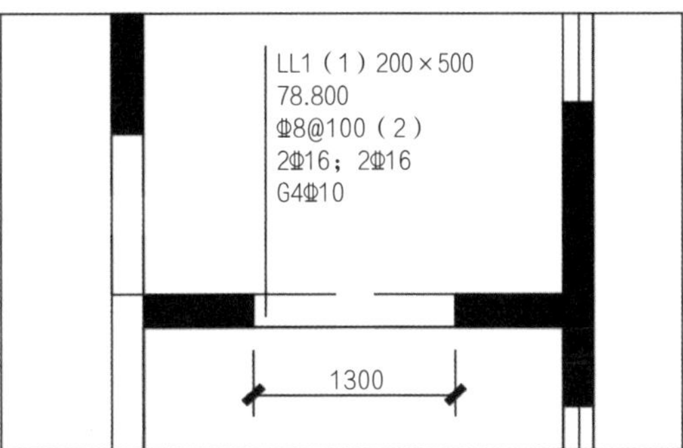

案例答案：

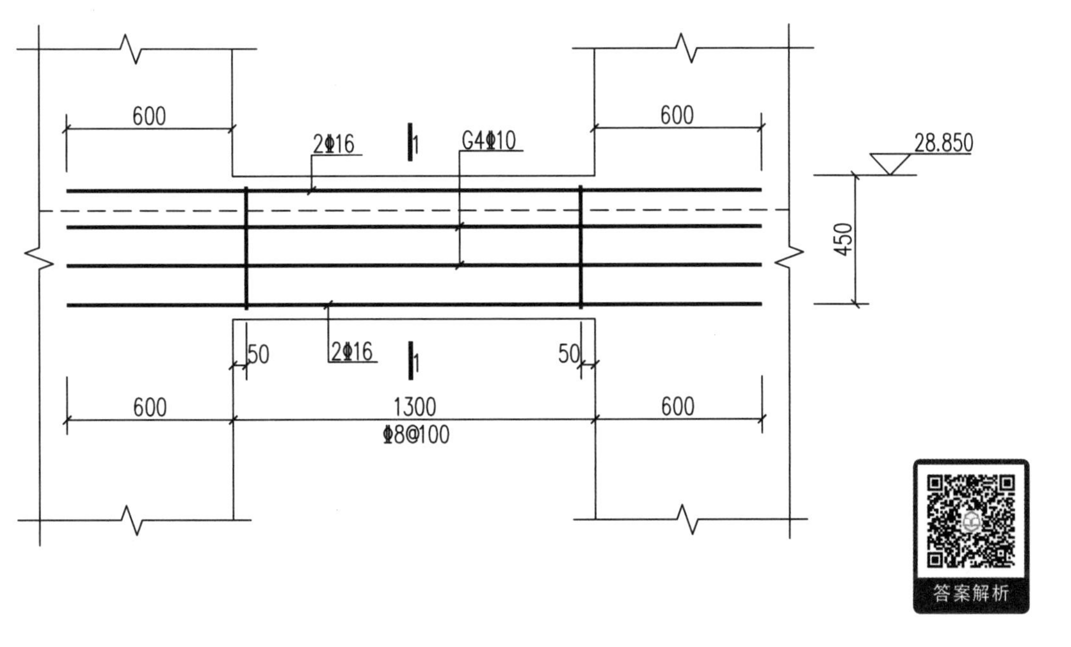

表4-18 连梁构造识读实践提高

<table>
<tr><td colspan="2">剪力墙梁钢筋纵向透视图绘制任务卡</td></tr>
<tr><td>实践任务</td><td>已知：抗震等级为三级，混凝土强度等级为C30，剪力墙水平筋为C8@200，其他信息见下图。请绘制LL9钢筋纵向透视图</td></tr>
<tr><td>剪力墙梁平法施工图</td><td> 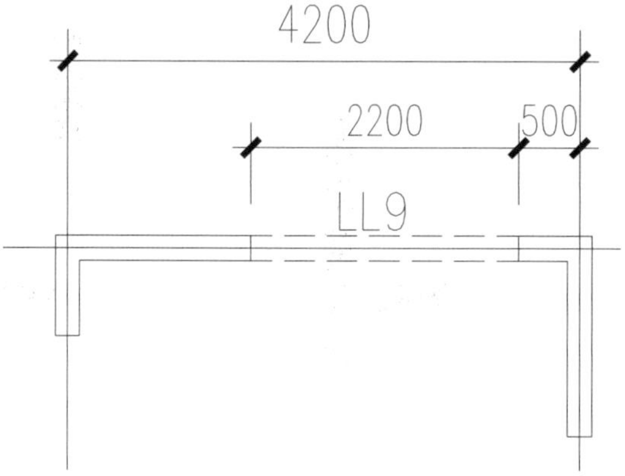4200
2200 500
LL9

<table>
<tr><td>编号</td><td>所在楼层号</td><td>梁顶相对标高高差</td><td>梁截面 b×h/mm</td><td>上部纵筋</td><td>下部纵筋</td><td>箍筋</td><td>侧面纵筋（两侧）</td></tr>
<tr><td rowspan="2">LL9、LL10</td><td>3～8</td><td></td><td>200×400</td><td>2Φ16</td><td>2Φ16</td><td>Φ8@100（2）</td><td>同Q1水平分布筋</td></tr>
<tr><td>9</td><td></td><td>200×400</td><td>2Φ16</td><td>2Φ16</td><td>Φ8@100（2）</td><td>同Q1水平分布筋</td></tr>
</table>
</td></tr>
<tr><td>纵向透视图绘制</td><td>答案解析</td></tr>
<tr><td>错误记录</td><td></td></tr>
<tr><td>知识总结</td><td></td></tr>
<tr><td>自我评价</td><td></td></tr>
</table>

拓展要求：对教师指定图纸中的剪力墙梁（LLK）进行钢筋翻样。

表4-19　连梁构造识读实践拓展

连梁钢筋翻样卡（根据梁的实际情况选择填写或补充）				
钢筋名称	钢筋编号	钢筋代号	钢筋数量	钢筋形状及尺寸
上部通筋				
架立筋				
不同直径通筋				
边支座负筋第一层				
边支座负筋第二层（若有）				
中间支座负筋第一层				
中间支座负筋第二层（若有）				
悬挑梁上部筋				
悬挑梁上部筋第二层（若有）				
其他钢筋				
长度及根数计算过程				

知识拓展

1. 剪力墙洞口平法构造识读

（1）增加补强钢筋时，钢筋按设计注写值，长度伸过洞口l_{aE}。

（2）增加暗梁时，暗梁水平筋锚入墙内l_{aE}。

2. 地下室外墙平法构造识读

（1）地下室外墙转角配筋构造，外侧钢筋伸至对边弯折$0.8l_{aE}$（当转角两边墙体外侧钢筋直径及间距相同时可连通设置）；内侧钢筋伸至对边弯折$15d$（d为钢筋直径）。

（2）地下室外墙与顶板连接，当顶板作为外墙的简支支承时，剪力墙竖向钢筋伸至板顶弯折$12d$。

（3）地下室外墙与顶板连接，当顶板与外墙连续传力时，板上部钢筋伸至墙对边弯折伸至板底且$\geqslant 15d$，板下部钢筋伸入墙内$\geqslant 5d$且至少到墙中线；墙外侧钢筋与板上部钢筋搭接l_l（l_{lE}），内侧钢筋伸至板顶弯折$15d$。

任务4.4

团体实操任务

4.4.1 剪力墙水平分布钢筋端柱转角墙构造绑扎实操

（1）任务描述。根据相关任务要求及操作流程，对剪力墙水平分布筋端柱转角墙钢筋构造（图4-17）进行平法应用技能实操。

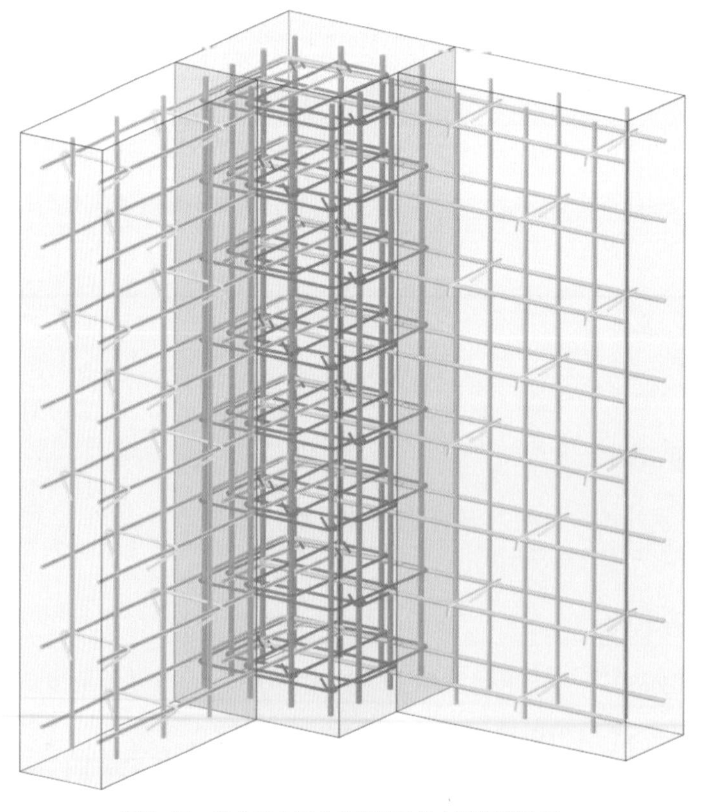

图4-17 剪力墙水平分布筋端柱转角墙钢筋构造

（2）任务流程。任务实操流程见图2-18。

（3）任务知识点总结。通过对剪力墙水平分布筋端柱转角墙钢筋构造节点的识图、钢筋工程量计算、配料单编制、方案编制、排布图绘制、钢筋绑扎安装等子任务的实施，加深对端柱和剪力墙的钢筋构造理解，并掌握绑扣及间距控制等绑扎要点，锻炼钢筋施工管理技能。

4.4.2 楼层连梁LL钢筋构造绑扎实操

（1）任务描述。根据相关任务要求及操作流程，对连梁LL钢筋构造（图4-18）进行平法应用技能实操。

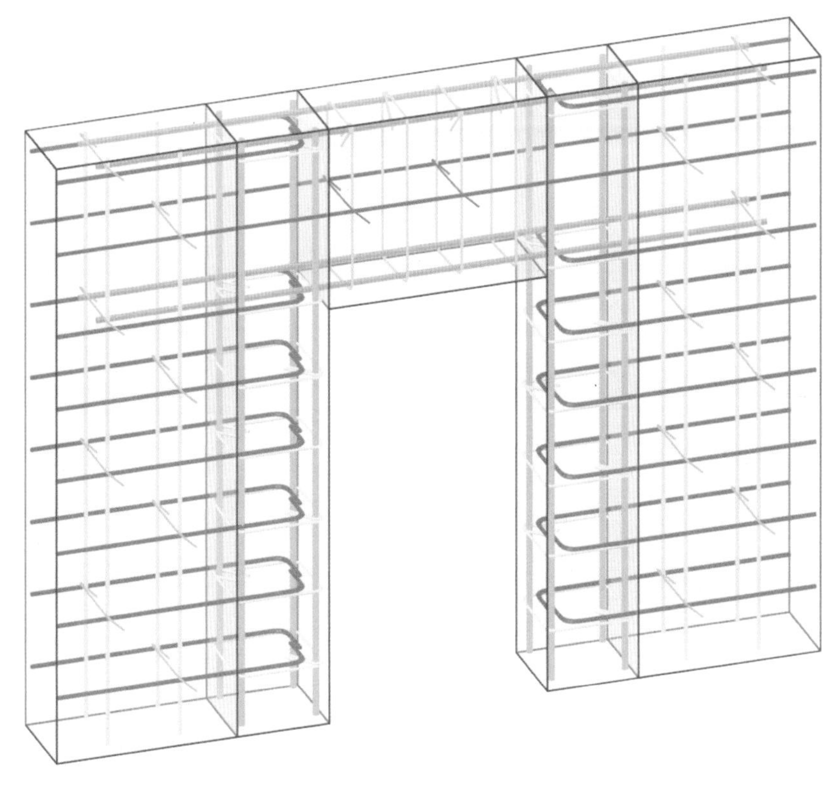

图4-18 连梁LL钢筋构造

（2）任务流程。任务实操流程见图2-18。

（3）任务知识点总结。通过对连梁LL钢筋构造节点的识图、钢筋工程量计算、配料单编制、方案编制、排布图绘制、钢筋绑扎安装等子任务的实施，加深对连梁、暗柱和剪力墙的钢筋构造理解，并掌握绑扣及间距控制等绑扎要点，锻炼钢筋施工管理技能。

附录

结构施工图识读

1+X技能实战